HERMES

在古希腊神话中，赫耳墨斯是宙斯和迈亚的儿子，奥林波斯神们的信使，道路与边界之神，睡眠与梦想之神，亡灵的引导者，演说者、商人、小偷、旅者和牧人的保护神……

西方传统 经典与解释 **HERMES**
Classici et Commentarii

基督教与古典传统
Christianity and Classical Tradition

刘小枫◎主编

[丹] 基尔克果 Søren Kierkegaard ◎ 著

恐惧与战栗

—— 静默者约翰尼斯的辩证抒情诗

Fear and Trembling

赵翔◎译

華夏出版社

古典教育基金·蒲衣子资助项目

"基督教与古典传统" 出版说明

基督教并非西方文明传统中的原始宗教，而是古希腊宗教—古罗马宗教—犹太教等民族政制宗教的母体中孕生出来的普世宗教。基督教成为政制性宗教以后，孕生基督教的古希腊罗马宗教成了所谓"异教"，基督教与"异教"的交融及其内在冲突构成了西方文明发展的基本动力因。一般认为，现代西方是基督教的西方，现代性是基督教文化的结果——但我们不能无视一个基本的历史事实：现代西方文化发端于"异教"文化的复兴（所谓"文艺复兴"）。从马基雅维利、培根、霍布斯到尼采，基于"异教"思想立场对基督教的攻击逐渐从隐秘走向公开。尼采把现代启蒙哲人诊断为病入膏肓的病人，因为他们在"充斥着机密和压抑的空气"中不断编织"无比丑恶的阴谋之网"（《论道德的谱系》，第三章 14 节）——但尼采同时指出，现代启蒙哲人的普世博爱看似源于基督教宣扬的爱心，其实来自普罗米修斯点燃的火堆：

> 我们的科学信仰的基础仍然是形而上学的信仰，就连我们现在的这些认知者，我们这些无神论者和反形而上学者，就连我们的火也是取之于那由千年的古老信仰点燃的火堆。（《论道德的谱系》，第三章 24，周红译文）

基督教与古希腊—罗马古典传统的关系，因此是西方思想史上的枢纽性问题。本"丛编"旨在积累两类文献：一，历代基督教神学要著（教父时期、中古时期、近代时期和现代时期），这些论著与古希腊罗马的古典传统或多或少有这样或那样的关系；二，西方学界近百年来的研究成果。编译者期望这套"丛编"有助于我国学界的基督教思想史研究进入西方大传统的纵深，搞清基督教与古典传统之间复杂的思想关系。

古典文明研究工作坊
西方典籍编译部甲组
2005 年 5 月

目 录

亚伯拉罕主题变奏

> 亚伯拉罕故事的奇崛之处正在于：无论后人对它的理解有多偏颇，都不会有损其光辉。
>
> ——基尔克果

主题（《旧约·创世记》中亚伯拉罕献祭以撒的故事）：

这些事以后，神要试验亚伯拉罕，就呼叫他说："亚伯拉罕！"他说："我在这里。"神说："你带着你的儿子，就是你独生的儿子，你所爱的以撒，往摩利亚地去，在我所要指示你的山上，把他献为燔祭。"亚伯拉罕清早起来，备上驴，带着两个仆人和他儿子以撒，也劈好了燔祭的柴，就起身往神所指示他的地方去了。到了第三日，亚伯拉罕举目远远地看见那地方。亚伯拉罕对他的仆人说："你们和驴在此等候，我与童子往那里去拜一拜，就回到你们这里来。"亚伯拉罕把燔祭的柴放在他儿子以撒身上，自己手里拿着火与刀。于是二人同行。以撒对他父亲亚伯拉罕说："父亲哪！"亚伯拉罕说："我儿，我在这里。"以撒说："请看，火与柴都有了，但燔祭的羊羔在哪里呢？"亚伯拉罕说："我儿，神必自己预备作燔祭的羊羔。"于是二人同行。

他们到了神所指示的地方，亚伯拉罕在那里筑坛，把柴摆好，捆绑他的儿子以撒，放在坛的柴上。亚伯拉罕就伸手拿刀，要杀他的儿子。耶和华的使者从天上呼叫他说："亚伯拉罕！亚伯拉罕！"他说："我在这里。"天使说："你不可在这童子身上下手。一点不可害他。现在我知道你是敬畏神的了。因为你没有将你的儿子，就是你独生的儿子，留下不给我。"亚伯拉罕举目观看，不料，有一只公羊，两角扣在稠密的小树中，亚伯拉罕就取了那只公羊来，献为燔祭，代替他的儿子。亚伯拉罕给那地方起名叫耶和华以勒（意思就是耶和华必预备），直到今日人还说，在耶和华的山上必有预备。

耶和华的使者第二次从天上呼叫亚伯拉罕说："耶和华说：'你既行了这事，不留下你的儿子，就是你独生的儿子，我便指着自己起誓说，论福，我必赐大福给你。论子孙，我必叫你的子孙多起来，如同天上的星，海边的沙。你子孙必得着仇敌的城门，并且地上万国都必因你的后裔得福，因为你听从了我的话。'"

壹

基尔克果，你和安徒生是很多中国人最早了解的两个丹麦人，而你们，都是擅讲故事的天才。也许可以说，《恐惧与战栗》（书名源自《新约·腓立比书》的"恐惧战兢"；《诗经·小雅·小旻》中亦有"战战兢兢，如临深渊，如履薄冰"，但考虑到"栗"字更能传递"颤抖"之意，因译为"战栗"）一书，就是你的"惊惧故事集"或"缄默者众生相"吧。

今天，换成我来给你讲故事吧，这些故事有的你听过，有的没有；有的和亚伯拉罕有关，有的无关。

古希腊史诗《奥德赛》中，奥德修斯在特洛伊争战十年，又在海上漂泊十年，这期间，他的妻子珀涅罗珀没有得到关于他的任何音讯，几乎所有人都说：奥德修斯已经死了。可她的回答只有一句：我相信我的丈夫还活着，他一定会回到伊萨卡。想必你也会同意，珀涅罗珀葆有信念，而葆有信念的前提之一便是：她无法确知奥德修斯的现状。倘若珀涅罗珀生活在当今之世呢？这里，天气预报越来越精准，成本估算越来越详尽，即时通讯越来越发达，信息天眼无孔而不入——她还有条件维持那样的信念吗？一条短信、一通电话就能知道丈夫现状的情况下，信念怎会有容身之地？遑论信仰。

在信念、信仰愈发罕有之时，人们纷纷依赖技术来规范自己的生存——技术是客观的，因此，人们彼此的差异越来越少（当然，差异不可能完全消除，于是当今之世的一大怪现状就是：一方面拼了命地强调"个性"，另一方面呢，无论你觉得自己多么特殊，都能很轻松地就能在各种俱乐部、各种社交网站和贴吧里找到自己的大量同类），"孤独个体"越来越少，而成为个体，也越来越意味着受难。

贰

于是，为了拯救信仰，为了给处在普遍性（主要指特定时代的伦理，因为你说过："伦理整个地隶属于普遍性"）之暴政下的孤独个体亮一盏长明灯，你在 200 年前来到了你的"当今之世"：19 世纪的哥本哈根——而经由你的著作，我们发现，200 年来，它正愈发成为我们的"当今之世"——也许，我们应该更加经常地去拜访你？

30岁那年，你凭空捏造了"静默者约翰尼斯"这个假名作家，你曾说，要靠他获得不朽之名，这是对你生活中所遭受的种种冷眼与嘲弄的补偿吗？你一定会否认，你会说：和亚伯拉罕一样，我想获得的仍是现世的欢乐，只是我有一根肉中刺，这让我成了"那个个体"——可这不是我的错。这当然不是你的错。而你的文字，就是一个孤独个体在普遍性的最高法庭上的申辩——这本身就是一个悖谬，因为普遍性就意味着：违抗普遍性，罪不容诛。

悖谬，你捏造的静默者约翰尼斯经常提到这个词儿。他说，亚伯拉罕故事是一个悖谬，是剧痛与苦闷；他说亚伯拉罕不可理喻，说他只能沉默……我们想知道：你既给你的假名作者署名为"静默者"，可他仍说了这么多——他的话是否值得聆听？在给《恐惧与战栗》的假名作者命名时，你是否想到了格林童话《忠实的约翰尼斯》？那则童话中的老仆人约翰，因为听到了乌鸦们的谶语而决心为年轻的国王化解危险。他保住了国王，却为自己带来了杀身之祸：因为国王怀疑他不忠而要将他处死。在临死之前，他要求作"最后陈词"来证明自己的忠诚，但在得到国王理解的同时，他却因为打破沉默而化身为石（更巧合的是，这则童话最后也出现了有关献祭的情节：国王为了让约翰重新化成肉身而杀掉自己的儿子——而他的儿子竟也奇迹般地失而复得……）。静默者约翰尼斯是否也在冒着化身为石的危险而打破沉默，为的是换取普遍性对亚伯拉罕的谅解？

叁

这一目标原本可以实现，因为在《旧约》中，亚伯拉罕不单是耶和华的宠儿，也是普遍性的骄傲。耶和华亲口告诉亚伯拉罕"我是你的盾牌"，许诺他成为"多国的父"；另一方面，亚伯拉罕在献祭以撒之前就已经是伦理上的英雄，他的德行堪为表率，曾深入敌军救出族人，甚至还曾为了挽救所多玛城中的无辜者而斗胆与上帝争辩。后来，耶和华要求亚伯拉罕将自己的心头肉——儿子以撒献为燔祭，也就是说，上帝要亚伯拉罕杀死亲儿子，然后将他烤熟并献给神。在基督教会那里，亚伯拉罕献祭以撒的故事通常是用来褒扬这位信仰之父的虔诚与顺从；在犹太文化中，该故事则用以召唤神恩，赞颂耶和华的仁慈——此类解读中的亚伯拉罕并未完全脱离伦理或普遍性，因为上帝确实已多次向包括亚伯拉罕在内的众人显示过自己的万能（其妻撒拉在九十多岁上怀孕生子就是上帝行的一桩神迹），而上帝在此故事之前从来是作为伦理的捍卫者出现的（虽然这个伦理在《旧约》里还只是族群的伦理），因此亚伯拉罕完全可以合理地推测：上帝让我杀死儿子，虽然貌似残忍，但一定是为了某个更高的目的——而这个暂时隐而不现的目的一定不会跳出普遍伦理，我只需遵命而行就好。这一解读本质上类似于阿伽门农献祭女儿的故事（此故事的关键在于，对国家的责任高于对女儿的责任），唯一的不同在于，亚伯拉罕暂时不知道献祭儿子所包含的更高伦理目的何在。

中世纪最伟大的神学家托马斯·阿奎那对亚伯拉罕的评论应当最能代表宗教领域的态度。他强调，即使从伦理角度看，也不能将亚伯拉罕视为杀人犯：

> 当亚伯拉罕同意杀死他的儿子时，他并没有同意谋杀，因为他的儿子是由于上帝的命令被杀死的，上帝是生命和死亡的主：由于我们始祖的罪过，他把死的惩罚加诸所有人，无论正直还是邪恶，如果一个人通过神圣的权威成为那判决的执行者，他将不是杀人犯。

肆

那么在宗教领域之外呢？哲学家们会如何看待亚伯拉罕？康德在《学科间的冲突》一文中曾作如是之说：

> 亚伯拉罕本应该如此回答这个可疑的神圣召唤：我现在能确定的只是，我决不能杀害自己的好儿子。可你这样一个幻影是否真的是上帝的声音，这声音是否真正来自天国，对于我都是无法确定的。

这是一个浸染怀疑主义和理性主义精神的亚伯拉罕。另外，波兰哲学家、思想史学家莱谢克·柯拉柯夫斯基（Leszek Kolakowski，1927—2009）在其著作《天堂的钥匙》（相当于《旧约》的"故事新编"）中也谈到了亚伯拉罕：

> 亚伯拉罕和以撒的故事被克尔恺郭尔（注：基尔克果的另一译名）及其继承人从哲学角度解释成为恐惧问题……我

要坦言，我倾向于以简单得多的方式解决这个问题，也就是说，这个方法涉及亚伯拉罕的过去。我认为亚伯拉罕不会怀疑这道指令的神性根源。他掌握了绝对可靠的手段和他的造物主达成协议……我也注意到主给他的众所周知的诺言，让他成为一个伟大的、受到特殊祝福的民族的祖先，这个民族在世界上最终会取得超凡绝伦的地位。他只提出一个条件：服从权威……换言之，亚伯拉罕要对国家最高要求这一理念负责。民族未来的命运和国家的伟大程度取决于忠实执行最高命令，但是最高权威要求他牺牲亲生儿子。亚伯拉罕具有陆军下士的气质，习惯于准确遵守上级指令……

与康德不同，柯拉柯夫斯基眼中的亚伯拉罕一声不吭地执行了上帝的命令，但仍是出于符合理性的考虑，当然还有他顺从的天性。

伍

美学家们对亚伯拉罕的解读带有更多的想象——不过我们得承认，这首先是因为亚伯拉罕故事中所蕴含的无限意味。我首先想到的当然是卡夫卡，他是亚伯拉罕的子孙，也是你所设想的理想读者（你的假名作品从来不召唤盲信者，而是召唤以自己的主体性来阅读的孤独个体）。他在日记、书信中多次提及亚伯拉罕。对于你笔下的亚伯拉罕，他有着自己的判断："他（注：指基尔克果）看不到普通的人，却把巨大的亚伯拉罕画入云端"（《卡夫卡全集》，河北教育出版社，卷7）；"他带着他的精神乘坐着一辆魔法车穿越大地，包括那些没有路的地方……他那'在路上'的真诚信念成了狂妄"（前揭，卷5）。卡夫卡更强调个体生命的受限状态，于是，他设想了"另一个亚伯拉罕"（实际上是三个，可以和"调音篇"的四个断奶故事对读，前揭，卷7，页415—416）：

> 1. 但他未实现献祭牺牲，因为他未能离家出走。他是必不可少的，大家的衣食住行都用得着他。还有些东西要经常安排。房子尚未完工，他的房子未完成，他就不能毫无后顾之忧地走掉。

> 2. 如果他早已有了一切，并且被引导到更高的地方，现在必定从他身上至少表面上夺走了一些东西。这是合乎逻辑的，并且没有跃迁。

> 3. 他担心他虽然作为亚伯拉罕与儿子骑马出去，但是在路上会变成堂·吉诃德，如果世人当时见到这样子，一定会对亚伯拉罕感到吃惊的。但是，他担心世人见到这光景会笑死的。但这不是他担心的那种可笑——当然他也担心可笑，特别是他跟着一起笑——他主要担心这种可笑将使他变得更老、更讨厌，使他的儿子更脏，更不值得被召唤回来。一个不召自来的亚伯拉罕！

这是卡夫卡写作时经常出现的迷狂状态：对一则典故的不断翻新。这三个亚伯拉罕的仿写都带着卡夫卡的印记。卡夫卡在另一个地方将亚伯拉罕概括为一个处于人性与神性之间并不断挣扎的人物："他想要到地球上去，天空那根链条就会勒紧他的脖子；他想要到天空去，地球的那根就会勒住他。"而他所设想的亚伯拉罕显然更能让我们现代读者理解——因为，卡夫卡生活的时代，离我们这个"个体"丧失的后工业化时代更近。

另一个犹太作家阿摩司·奥兹（《爱与黑暗的故事》的作者，以色列当代小说家）则强调了亚伯拉罕敢于与上帝争论的特点——这与约翰尼斯对亚伯拉罕的描写大异其趣，在《创世记》里，上帝要烧毁罪恶之城所多玛时，亚伯拉罕问道：

> 无论善恶，你都要剿灭吗？假若那城里有五十个义人，你还剿灭那地方吗？不为城里这五十个义人饶恕其中的人吗？将义人与恶人同杀，将义人与恶人一样看待，这断不是你所行的。审判全地的主岂不行公义吗？

上帝答应亚伯拉罕，若有五十个义人，就不烧毁所多玛。岂料亚伯拉罕不依不饶，进一步讨价还价，四十五个、四十个，直到上帝答应只要有十个义人便不屠城，亚伯拉罕才罢休。奥兹指出，正是这种敢于挑战上帝的精神，才使得犹太人产生了大量优秀的科学家、思想家、音乐家、诗人和作家。

再来看一首英文诗：

> 于是亚伯拉罕起身，劈好柴，到一旁
> 将薪火举在手中，怀里揣着刀。
> 父子两人在此刻都迟滞了一瞬间，
> 然后以撒这头生子开口问道：我父，
> 我已看到各种预备，看到火与铁，
> 但是，燔祭用的羔羊在哪里呢？
> 可亚伯拉罕用腰带与镣铐捆住这青年，

然后在原地筑起掩墙与战壕，
然后伸手拿刀刺向他的儿子。
就在这时，瞧！天使在云端呼叫，
说着，你不可在这童子身上下手，
一点不可害他，害你的儿子。
看吧！两角扣在稠密的小树中的
一只公羊。献出那骄傲的公羊来代替。

但老者并没这样做，他依然将儿子杀掉
连同欧洲一半的子嗣，一刀接着一刀。

这是英国著名的反战诗人威尔弗雷德·欧文（他在 25 岁那年就死于"一战"的战场）的名诗《关于老者与青年的寓言》。显然，诗人是借用亚伯拉罕故事来抨击那些发动战争的、骄傲的领袖们。

陆

最后，再举两个最接近"当今之世"的例子，两个民谣歌手演绎的亚伯拉罕。先是鲍勃·迪伦《重游 61 号公路》（Highway 61 Revisited）的第一段歌词：

上帝对亚伯拉罕发话："给我杀死个儿子。"
亚伯拉罕答："伙计，你在拿我开涮？"
上帝说："不是。"亚伯拉罕说："那是？"

上帝说："做不做由你自己决定，亚伯拉罕，但是
下次再见我的时候你最好溜得快一点儿。"
"好吧，"亚伯拉罕说，"那你希望这杀戮在哪儿发生？"
上帝说："在61号公路上。"

其次是莱昂纳德·科恩的《以撒的故事》（The Story of Isaac），从以撒的视角回顾了整个亚伯拉罕故事的恐怖之处后，科恩继续道：

如今，你们这些建造祭坛
想要献出孩子们的人，
请立即停止如此的勾当。
一个阴谋绝非一次显圣
而你们也绝不是在经受考验
无论它来自魔鬼还是上帝。

无论是迪伦高亢的嗓音还是科恩低沉的吟唱，他们眼中的亚伯拉罕或以撒都对上帝的这一违背人性与伦理的命令提出了强烈的质疑和讽刺——因一个不确定的前提而违逆普遍性，这在现代人看来几乎是不可饶恕的。

柒

我们走得太远了，就像你在书中经常说的"回到亚伯拉罕"一样，让我们也先回到约翰尼斯的亚伯拉罕吧。我不得不说，本

书中的亚伯拉罕与上面所有的版本都有本质的区别：上面那些亚伯拉罕（包括《旧约》中的亚伯拉罕）都可以得到理性的理解，但约翰尼斯的亚伯拉罕呢？他完全拒绝理解！

我还想说，过往所有对《恐惧与战栗》的解读，如果其着眼点是想让约翰尼斯的亚伯拉罕变得更好理解，想为违逆伦理的亚伯拉罕、包庇亚伯拉罕的约翰尼斯或你辩护的话，这一解读就是建立在一个错误的出发点上。横看成岭侧成峰，对于奇崛的亚伯拉罕故事，我们唯一能做的，就是以散点透视的方式从不同角度不同方位明了它的不可理解和不可通约性（上述各种版本和书中出现的"亚伯拉罕摹本"，也都是为了这一目的。他们都与亚伯拉罕截然不同）。

约翰尼斯如何解读亚伯拉罕？他所迈出的最重要一步是，将亚伯拉罕"整个地向内翻转"！

在"疑难三"中，约翰尼斯曾分析了亚里士多德《政治学》中提及的一个故事（对这个故事，约翰尼斯的复述稍有偏差）：一个新郎在婚礼进行之时突然逃跑，因为占卜师预言他的婚姻将引发一场灾祸。接着，约翰尼斯指出了该故事与亚伯拉罕故事的最大不同：

> 该故事的背景是在希腊，在那里，占卜师的话面向一切人——当然，我的意思并不是说，每个个体都能从词句上理解占卜师的话。我是指，每个个体都明白，占卜师所表达的意思就是上天的旨意。因此，无论对于英雄还是芸芸大众，占卜师的预言都是可理解的——在这里，不存在与神性的私密关系……只要我们的英雄愿意，他就可以完美地表达出一切——毕竟他可以为人理解。

注意，在《旧约》里，上帝虽然特意与亚伯拉罕立约，但两者之间的关系绝不是私密的。上帝绝不仅仅是亚伯拉罕的上帝，他曾向很多人显圣，也曾让很多人品尝到违逆他的苦果和顺从他的甜头。因此，与古希腊时的占卜师一样，在《旧约》背景下，上帝的命令也是"朝向一切人"或至少"朝向一些人"的。约翰尼斯对亚伯拉罕的翻转就体现在，他将亚伯拉罕与上帝的关系完全解读为一种私密的、既不能得到旁人见证又不能得到外人理解的关系（我首先想起来的一个"摹本"，是最近在一本漫画上看到的：唐代某个遭到流放的诗人，因为"看到"并爱上了替自己续诗的芙蓉花精而放弃了返回京城的机会，从此深自缄默、苦苦等候，最终客死异乡——该诗人所爱的对象无法对任何人诉说，因为那芙蓉花精只为他而存在——于是他只好沉默）。这一关系就如同神性与魔性之间的一根旁人无法观察到的钢丝——亚伯拉罕能借助这钢丝的弹力漂亮地跃入永恒吗？

捌

到这里，也许有人已经迫不及待地想要提出一个亚伯拉罕的摹本来驳斥我了：假设有一个人——假设他是一位领袖，声称得到了与他建立私密关系的神明的召唤，要他去屠杀某个种族的人群，这不是与约翰尼斯的亚伯拉罕有相似之处吗？

可惜，这个例子仍然只是一个不成功的仿品，而且异常拙劣。因为首先，约翰尼斯的亚伯拉罕是一个向内翻转的亚伯拉罕，其内向性决定了，所有以外在的相似——这外在的相似就是一宗罪行——来类比亚伯拉罕的企图都不得要领。这位领袖缺乏成为亚伯拉罕的必备要素（而且，无论对他的形象进行怎样的修补，我们都无法说他是又一个亚伯拉罕）：亚伯拉罕献祭之前早已被认定为英雄和楷模，他对将要牺牲的以撒有刻骨之爱，最后当然还有（这也不可理喻）那荒谬之力的真正介入——上帝没有带走以撒。

再讲一个故事。一位妻子——在所有妻子中她堪为模范，她对自己的丈夫有无比的爱意——遭遇不幸：她的丈夫因意外而瘫痪。为了拯救丈夫，她决定与小镇上的其他男子通奸——当然，她的丈夫确实要求她另外再找一个男人，但丈夫是为她考虑；而她的通奸则是为了丈夫……最终，人们将她当成精神病人关进医院，而她偷偷跑出来继续自己的拯救之举并因此殒命，随后她的丈夫竟奇迹般地重新站了起来。

没错，这段故事出自你的老乡、丹麦导演拉斯·冯·提尔的电影《破浪》。这位导演的电影哲学显然受到你的影响。《破浪》有一个颇为美丽的结局：女主角为小镇中遵从社会伦理的绝大多数人所不容，在她下葬时，教堂拒绝鸣钟，本堂牧师甚至照例要诅咒她的灵魂进入地狱，但丈夫和工友们将她的遗体偷偷运到船上并葬入大海——电影最后，工友们自制的钟仿佛在高高的天堂敲响，那慰藉人心的声音温暖地笼在破浪而行的小船之上。女主角当然不能等同于约翰尼斯的亚伯拉罕，但两者仍有颇多相似之处：对儿子或丈夫至深的爱、对某种伦理责任的弃绝、对荒谬之力的信赖以及最终凭借荒谬之力保住了自己的所爱。

还要继续吗？下面这个故事来自遥远的东方。相传某书生投宿客栈时爱上一女子，返家后思念成疾。其母拜访那位女子，后者解蔽膝以赠。母亲将蔽膝置于书生床下，不日书生病愈并看到蔽膝，遂睹物思人，痛哭而亡。依书生遗愿，运载他的灵车特意路过客栈，女子闻知后在棺前歌曰：华山畿，君既为侬死，独活为谁施？欢若见怜时，棺木为侬开。歌毕，棺盖果然打开，女子投入棺中，棺盖又自动合上，任家人如何敲打再无反应。

华山畿是中国悲剧的典型：爱情悲剧。传说中害单相思的书生让人想起《恐惧与战栗》"心曲初奏"章中那个爱上公主的小伙子：他们都将心念系于自己那不可能实现的爱情上，完成了无限弃绝。而华山畿中的书生还在弃绝了爱情、悬置了中国古代伦理中最重要的孝道之后，又凭借荒谬之力实现了自己的爱情（当然，你的假名作者约翰尼斯一定会忍不住指正：让我们改变一下这个故事的主角吧，让我们将目光投向客栈女子……）。

<h2 style="text-align:center">玖</h2>

不少人会觉得，上面两个故事中的主要人物，和亚伯拉罕一样直入"云端"而脱离现实，颂扬他们不单对芸芸众生毫无裨益，还会让某些人因此走入魔道、违背伦理（国内某知名电影网站中也充斥着对冯·提尔的电影及其女主角们的声讨）。你在书中也承认，在魔性与神性之间走钢丝确实非常危险。在《恐惧与战栗》中，对"魔性"一词似乎没有明确的界定，它既可以指以信仰为名实则行谋杀之实的假亚伯拉罕，又可以指你列举的那些亚伯拉罕摹本（如那只雄人鱼）。后者努力想进入信仰，但因缺乏与神性或绝对者的隐秘关系而陷入自我隔绝的苦境——对这种"魔性者"，你倒并不持否弃的态度（就像你并没有否弃悲剧英雄，只是指出亚伯拉罕比悲剧英雄更崇高一样——你自称"英雄拷打狂"当然也只是为了烘托信仰骑士的崇高）。也许，在现实生活中，此

类"魔性者"并不鲜有，就像阿伦特在评论奥地利作家赫尔曼·布洛赫时说的那样：

> 因为他们沉醉于个人行为一致性的魔力之中，他们变成了凶手，因为他们准备好了为这种一致性，为封闭自身的"美好"，把一切都奉献出去。

现实生活中，存在与神性建立了私密关系的信仰骑士吗？约翰尼斯在书中问过同样的问题。他虽然承认自己并没有亲眼看到哪怕一个实例，但却描述了外表和行为与收税员一般平庸的信仰骑士。此人与亚伯拉罕各方面都绝然不同，他没有弃绝，没有献祭，没有违逆伦理，更没有凭借什么荒谬之力——他只是像小市民一般，沉醉于世俗生活一点一滴的快乐之中（在你后来的著作《人生道路诸阶段》中，你也描述了一个处处平庸却绝不平庸的"账房先生"——他甚至还带着你自己的影子，他生活在哥本哈根附近的一座小镇上，因青年时代的罪过而悔愧，沉浸于种种可能之中）。莫非，对这个收税员来说，他弃绝之后又凭荒谬之力重新赢回的，竟是整个世俗世界？

在《恐惧与战栗》中，在约翰尼斯对各种疑难的探讨之中，有很多没有结论的问题（当然，如果将你前期的美学、哲学作品和后期的宗教作品放在一起，编成一个"体系"，就完全可以从象征性的角度来化解本书中种种极端的悖谬，但这么做恐怕不符合你反对体系的态度。何况，阅读你的作品的是某个个体，他有自己的激情和不可通约性，不可能依赖你的体系）。也许，你用假名写作的最重要原因，正是召唤读者以自己的整个生活去思考你提出的问题，而不是仅仅止于学术讨论——虽然你曾说，在你的假名作品中没有一句话是你自己的观点，但实际上你的意思是，你的书绝不是学术争鸣，因为其中的每一个字中都浸染着你的心与血、渗透着你的不可通约性：

> 我死后，没有人能够在我的文字（那是我的慰藉）里找到那维系我一生的根本所在，也找不到封存在我内心最深处的作品，它解释了我的一切，常常使得在世人眼里微不足道的事情，在我看来却举足轻重，或者相反，世人趋之若鹜的事，于我却毫无意义——在我对这一切的秘密注解毁灭殆尽之时。

译者
2013 年 2 月

恐惧与战栗

——静默者约翰尼斯的辩证抒情诗

傲慢的塔克文借园中罂粟花所传的旨意，其子即刻领会，传信者却不明所以。[1]

——哈曼

---

[1] 参见 J. G. Hamann, *Werke* III, p. 190. J. G. 哈曼（1730—1788），18世纪在德国率先反思启蒙运动，并启发了德国狂飙突进运动和浪漫主义运动的思想家。其著作中记载：在与加比意（古罗马拉提姆的古城）发生战事时，苏佩布（Tarquinius Superbus，罗马早期君王，? —前496年，也称小塔克文、高傲者塔克文）命儿子潜入加比意，并谎称自己遭生父虐待。在其子赢得信任并成为当地人的军事首领之后，派信使向其父塔克文传信："我已控制大局，下一步如何行事？"塔克文当着儿子信使的面将花园中最高的罂粟花砍断，信使不解其意，只得回去将同样的动作做给他的儿子看，后者当即明白这是父亲授意他将加比意的领导者处死或流放，并遵父旨而行，战乱因此平息。基尔克果引用的是德文。基尔克果受哈曼影响极深。在他看来，哈曼对理性的反思使得人们认识到，理性根本不能衡量不同的生活方面——伦理的、审美的、宗教的——的价值。

另，在草稿中，基尔克果为本书拟写的题记原为：

"写作吧。"
"为谁写作？"
"为那已死去的，为那你曾经爱过的。"
"他们会读我的书吗？"
"不会！"

改自一则古语

原题记更明显地指向前女友蕾吉娜。而通过这个更改题记的细节，我们已经触摸到基尔克果人生的转捩点：正如同他将自己对蕾琪娜的爱情上升为对永恒存在的爱一样，他也将自己在这场爱情中（当然也包括其他的人生经验）所经历的一己之悲欢转化为文字，转化为可以流传后世的个体呢喃。参见"附录"之"基尔克果日记选"。[中译注]此注释和后文编号注释均为译注，而后文所出现的 * 或 ** 则为假名作者约翰尼斯原注。

序　曲

　　在我们时代的商业领域甚至思想领域，一场空前的清仓大处理正隆重上演。一切都变得一天比一天低贱，以至于我们有理由猜测，到最后会不会干脆来个免费派送。所有为现代哲学这一庞大行军进行估价的商贾，所有讲师、教书匠和学生，所有待在哲学边缘或中心的人都情难自抑地要怀疑一切。他们统统学会了更进一步。[2] 或许，在这个节骨眼上，追问人家是否知道自己去向何方有些不近人情，我们只得怀着万分恭敬的态度表示：他们确已怀疑过一切了，否则怎么能更进一步呢？这一步是如此简单，迈出这一步是如此轻松，尽在掌握，因此根本无需对他们如何做到此事多加訾议。若有人怀着热切不安的情绪想要在此事上寻找一点点启迪，怕是会空手而归。在这艰巨的任务面前，没有人为他指引方向，也没有人为他奉上一张良方。人们只会说："但笛卡尔也这么做了，不是吗？"笛卡尔，一个如此让人敬仰的、谦逊而真诚的思想者，阅读他的作品不可能没有心灵上的震撼——他定然言出必行，且行无不言。真是咄咄怪事！因为笛卡尔曾反复强调，涉及信仰问题时，他就不再是个怀疑者了。（"只是我们应该

---

　　〔2〕"更进一步"是"序曲"中约翰尼斯所集中批判的观念。该短语来源于基尔克果大学时代的导师与后来的论敌马腾森（H. L. Martensen, 1808—1884，1854 年任主教）的论文。马腾森认为，应从笛卡尔的怀疑论前进到黑格尔，然后还要"更进一步"。参见"索伦·基尔克果年表"。

记住前边所说过的话，就是，在良知的命令不违反上帝的启示时，我们才应该信赖良知……不过最要紧的是，我们必须记住一条颠扑不破的定则，就是，上帝所显示的，是比任何事物都确定得无可比拟的。即使我们的理智的见解，极明显地提示出与'神示'相反的事物来，我们也应当相信神圣的权威，而不相信我们的判断。"〔引自《哲学原理》原理 28 和 76〕[3]）笛卡尔并没有向人群高呼："着火了！"他没有激动地将怀疑指定为每个人的义务，因为他其实是一个安静而孤独的思想者，而不是一个动辄大呼小叫的巡捕；他谦虚地承认，其方法只对自己才具有重大意义，它部分地源自他早年混乱的知识接受过程。（"因此，我并不打算在这里教给大家一种方法，以为人人都必须遵循它才能正确运用自己的理性；我只打算告诉大家我自己是怎样运用我的理性的……可是等到学完全部课程［也就是说，结束了他的青年时期］，按例毕业，取得学者资格的时候，我的看法就完全改变了。因为我发现自己陷于疑惑和谬误的重重包围，觉得努力求学并没有得到别的好处，只不过越来越发现自己无知。"[4]）——那被古希腊智者们（他们所具有的基本哲学素养值得我们信赖）当成是毕生追求之使命而非数日可毕之技能的东西，那经验丰富的老兵在经历了种种虚假论辩的诱惑之后，在无畏地拒绝了感官与思想的确实性、

---

〔3〕 基尔克果引用的是拉丁文（为再现原文体例，引文在原文中不再改变字体）。方括号内为约翰尼斯的随文附注或随文翻译约翰尼斯所使用的拉丁语、德语词汇或句子，后同。本段引文中，省略号前面的话引自原理页28（中译文采用关文运译《哲学原理》，商务印书馆，1958，页11），后面的话引自原理76（页33）。

〔4〕 引自《谈谈方法》（第一部分，页5），王太庆译文，商务印书馆，2001。本书全名为《谈谈正确运用自己的理性在各门学问里寻求真理的方法》。

坚定地抵御了不安的侵扰与同情的诓骗之后最终获得的东西，即敏锐的怀疑能力，如今却只是每个人的出发点。

今天，没人会在信仰处栖息，大家都已经更进一步。拦住他们并询问其去向也许稍显鲁莽，但我的礼貌和教养都使我必须假定，大家都已经具备了信仰，否则怎可能继续前行？在遥远的往昔，情形显非如是。那时，信仰是终生的任务而非数日可毕的技能。当那些老者到达征途的尽头，他们必然进行过卓绝的斗争[5]并最终维系了信仰，他的心依然年轻，依然记得那曾笼罩着青春年华的恐惧与战栗。[6] 虽然会慢慢适应，但没人能彻底消除那样的怕与颤——除非他曾抓住机会更进一步。然而，这些可敬的人最终达到的地方，却只是我们的时代开始之处，而我们早已绝尘而去。

笔者绝非哲学家，他不了解体系，不知晓是否真有什么体系，更不清楚那体系大厦是否已竣工。就他孱弱的头脑而言，为了装得下当今之世那宏大的思想体系，人们必须拥有一个臃肿的大脑。在他看来，将信仰的全部内容转换为概念形式并不意味着人们已把握住了信仰，也不代表人们明白了如何达至信仰或信仰如何降临于个体之上。笔者绝非哲学家，用 poetice et eleganter［诗意而

---

〔5〕 参见《新约·提摩太后书》（4：6-7）：

> 我现在被浇奠，我离世的时候到了。那美好的仗我已经打过了，当跑的路我已经跑尽了，所信的道我已经守住了。

〔6〕 "恐惧与战栗"这一短语在正文中第一次出现。该短语来源于《新约·腓立比书》（2：12）中保罗写给腓立比人的信："这样看来，我亲爱的弟兄，你们既是常顺服的，不但我在你们那里，就是我如今不在你们那里，更是顺服的，就当恐惧战兢，作成你们得救的工夫。"

文雅］的方式来讲，他其实是个自由撰稿人，他从未构建过体系或许诺过一个体系，他不曾为那体系抵押过任何物品，更不曾以身尝试那体系。他写作，因为对他来说写作是种享受。他沉浸在写作的惬意感受之中，甚至斗胆认为自己创作了出类拔萃的作品——事实上，那作品无人问津。在一个以科学之名废除激情的时代，他当然知道等待自己的是何种命运——在这样的时代里，一个渴望读者的作家必须小心翼翼地写作，以便迎合人们在慵懒的午后随意翻看的阅读习惯，并且要让自己像广告中［7］所绘出的那个客气的小园丁一般，手握礼帽，兜里装着前任雇主的介绍信，将自己推销给挑剔的公众。笔者知道，等待他的将是彻底的冷遇。他甚至在想象中感受到了那狂热评论所带来的鞭笞之痛，然而，更让他颤抖的是，自己的作品会落到某位有事业心的记录员或善于断章取义者的手上，他们会像特洛普［8］对《人类之毁灭》所做的高贵举动一样将之平分为两部分，或者像那个立志于标点符号的科学普及人士一般，将自己的文字每50个单词后加上句号，每35个单词后加上冒号。够了，我愿意在这里哀求那些孜孜不倦的

---

〔7〕 此处涉及的是刊登在名为 *Berlingske Tidende* 的报纸上的一则广告。该报纸的发行人显然为基尔克果所厌恶，因此他将这个发行人称为"广告商"。在日记里（Papirer Ⅳ，A 88）基尔克果补充说，这则广告有一个注释，上面说："作家应该确认自己所说的比读者说的更精彩，否则他就不必提笔。"

〔8〕 在海贝尔（Johan Ludvig Heiberg, 1791—1860，丹麦19世纪最著名的剧作家，他的《小精灵之墩》被誉为丹麦的"五幕国歌"；他的妻子海贝尔夫人是著名的演员，基尔克果的《一个女演员生活中的危机》就是因她而创作（参见《百合·飞鸟·女演员》，华夏出版社，2004）。在剧本《评论家与野兽》中，特洛普（Trop）一边将自己的悲剧《人类之毁灭》的手稿撕成相等的两个部分，一边说道："如果它可以维护良好的趣味，我们为何不这么做？"

体系搜寻者：眼前的文字绝不是什么体系，它与体系没有半点关系。我祝那体系万事如意。祝那公共巴士[9]上的大股东们万事如意。体系与巴士都难成高塔。[10] 我祝他们好运并永世安康！

静默者约翰尼斯[11]

敬呈

---

〔9〕 在《恐惧与战栗》出版三年之前，哥本哈根开通了第一辆公共巴士，不过那时的巴士还是由马来拉的。基尔克果在《重复》中还提到过公共马车座位的选择。

〔10〕 即黑格尔的"体系"更像一辆公共巴士而非一座高塔。基尔克果此处似在暗指《新约·路加福音》（14：28－30）中的高塔（那座塔因为没有筹算费用而未能完工），在后面的三个疑难中会再次提及。

〔11〕 假名"静默者约翰尼斯"似出自格林童话《忠实的约翰尼斯》。参见"中译者前言"。

调 音 篇

曾有那么一个人，在他还是小孩子时就听过上帝考验亚伯拉罕的美丽传说，知道亚伯拉罕如何经受了考验，保持了信仰，并且出人意料地重新得到了儿子。长大后，当童年的天真烂漫为生活所消弭，他却怀着更深的钦佩之情读着同一个故事。岁月流逝，这故事竟愈发让他魂萦梦绕，激起了他愈发强烈的热忱，而与此同时，对该故事的意义，他却越来越糊涂了。最终，亚伯拉罕的故事占据了他整个的心；最终，他的灵魂只剩下一个深切的渴望：亲眼见到亚伯拉罕，亲自目睹那件事。吸引他的，既非东方土地的丰美，亦非神明应允之地的世俗荣华；他想看到的，不是那对虔诚夫妇为上帝所庇佑的甘甜老境，不是那历尽风雨的犹太先祖的巨大雕像，也不是上帝赐给以撒的锦瑟青春——他想要目睹的事件，即使发生在贫瘠的土地上也依然神奇。他所向往的，是和两位故事中的人物一起踏上那三天的旅程：那段亚伯拉罕骑驴而行的漫长路途，那段儿子以撒所伴随的悲伤之旅。他多么希望，去见证亚伯拉罕老父远眺摩利亚山的眼神，见证他留下驴子、携以撒徒步上山的背影。充斥他整个心灵的，不是由想象所编织的华美之毯，而是思想的颤抖。

但此人不是思想家，他没有超越信仰更进一步的需要。他觉得，像自己的先祖那样为后人纪念是无上的荣耀，即使此生无人知晓，这荣耀也足以让人艳慕。

此人也不是博学的解经者。他不懂希伯来文；如果他懂，想必他也会轻松愉快地理解亚伯拉罕的故事。

一

  这些事以后，神要试验亚伯拉罕，就呼叫他说，你带着你的儿子，就是你独生的儿子，你所爱的以撒，往摩利亚地去，在我所要指示你的山上，把他献为燔祭。[12]

  清晨，亚伯拉罕择吉时起身，为驴备鞍，然后带上以撒离开了帐篷。此过程中，撒拉一直隔窗而望，直到这对父子进入山谷，[13] 再也看不到踪迹为止。他们沉默地走了三天。到了第四天早上，亚伯拉罕仍未发一言，只是不时抬起眼睛眺望已在眼前的摩利亚山。开始攀登摩利亚山时，他示意随从留下，只让以撒在后面跟随。然而就在此时，亚伯拉罕自语道："我不能向以撒隐瞒他此行的结局。"他定定地站在原地，用手抚着以撒的额头并默念

---

 〔12〕 《旧约·创世记》22：1 - 2。
 〔13〕 在日记里（*Søren Kierkegaard's Papirer* Ⅲ，A 197），基尔克果引用了他称之为 "《旧约》浪漫精神的完美例证" 的文字：

  在《犹滴传》（the Book of Judith，10：11）中记载着：随后犹滴走出门，一旁跟随着她的女仆；而这里的男人们只是看着她，直到她走下山，直到她进入山谷不见踪影为止。此时，他们才跟随着下到山谷之中。

 《犹滴传》记录在圣经《旧约》的次经中。次经是指几部存在于希腊文七十士译本但不存在于希伯来文圣经的著作，或称为旁经、后典或外典。一般认为，这些著作是犹太教抄经士在后期加入，或在翻译的过程里纳入正典。但是也有几卷亚兰文和希伯来文的抄本在《死海古卷》中被发现。

祝词。以撒屈身以受。亚伯拉罕的目光如此温柔，言辞中饱含着父爱与对儿子的鼓励。可是，以撒此时怎能理解呢？他的灵魂不可挽救地沉落了；他紧紧地抱着父亲的双膝，在他的身下苦苦哀求着，为自己的青春和生命，也为自己对生活的梦想；他让父亲想想那温馨的天伦之乐，想想自己死后将留给父亲的悲恸和孤独。亚伯拉罕一把将儿子抱起，将这孩子的双手攥在掌中前行，并再次为他念叨着安慰和劝勉的话。可是，以撒不理解。待到亚伯拉罕登上摩利亚山，以撒仍没有理解父亲。这时，亚伯拉罕突然转身背对以撒……以撒再次瞥见父亲的容颜时几乎不敢相认了：他的眼神狂野，姿容可怖。他当胸抓住以撒，将其摔倒在地并说道："愚蠢的孩子，你当真以为我是你爸爸？哈哈，我只不过是个狂信者。当真以为这是上帝的命令？不，这其实是我自己的主意。"于是，以撒因心灵上的剧痛而战栗了，他哭喊道："天上的神啊，怜惜我吧！亚伯拉罕的神啊，宽恕我吧！若我生而无父，那您就是我的父亲！"而亚伯拉罕此时亦在轻声自语："天国之主啊，感谢您的恩典！让他以为我是个恶魔，总好过让他失去信仰。"

*

当婴孩需要断奶时，母亲会将自己的胸部涂黑，[14] 因为，将

---

　　[14] "调音篇"是基尔克果正式讨论亚伯拉罕之前的准备。如同调音时一点点接近标准音高一般，"调音篇"的四个对亚伯拉罕的仿写或想象也是假名作者约翰尼斯一步步接近信仰之父的尝试。每个仿写后面都紧跟着一段"断奶故事"，与上面的仿写有着对应关系。如这里的"将自己的胸部涂黑"，就对应上面仿写的亚伯拉罕——当然不是那个真正的亚伯拉罕——将自己假扮成狂信恶魔的举动，其目的都是为了避免儿子有更深层的痛苦。后面三段仿写与断奶故事的对应关系更为微妙，读者可自行体会。基尔克果在日记中设想了更多的"亚伯拉罕"，参见"附录"之"索伦·基尔克果日记选"。

如此动人的胸部展现给婴孩却不再哺乳是非常残忍的事。于是，婴孩会认为那对乳房虽已改变，可母亲依然还是那个母亲，她依然满含着慈爱和温情。这些不需要用更残酷的手段为婴孩断奶的人是多么幸运！

二

　　清晨，亚伯拉罕择吉时起程，拥别了老来的新娘撒拉。撒拉亲吻了以撒，后者结束了她无子的羞愧，是她的骄傲和族人的希望。随后，他们在沉默中骑行而前。亚伯拉罕的眼睛始终低垂着，直到第四天，他才抬起眼睛，远远地望见摩利亚的山峰——很快他的眼睛又垂了下去。他沉默地堆好了木柴并将以撒捆束，沉默地拔出刀子。此时，他才看到上帝备好的公羊。他献祭了公羊然后踏上归程……从那以后，亚伯拉罕便衰老了——他忘不了上帝曾命他做的事。以撒仍茁壮成长着，但这位老父的眼睛却已暗淡无光，因为它们再也看不见任何欢乐。

*

　　当婴孩渐渐长大到需要断奶的年纪，母亲会如处女一般遮住自己的胸部，于是婴孩便失去了一位母亲。这些不必以别的方式失去母亲的婴孩是多么幸运！

三

清晨，亚伯拉罕择吉时起身，吻别了年轻的母亲撒拉；撒拉也吻别了以撒，后者是她后半生的欢乐之源。然后，亚伯拉罕满怀心事地上路了。一路上，他想起了夏甲，想起了他驱逐到旷野中的那个儿子。[15] 随后他登上摩利亚山，拔出了刀子。

另一个宁夜里，亚伯拉罕独自离开帐篷，向着摩利亚山的方向骑行；他匍匐在地上，乞求上帝原谅自己甘愿牺牲儿子的罪，原谅自己抛弃父亲之责任的罪。他愈发频繁地往来于这孤独之途，内心仍不得安静。他不理解，甘愿将自己最宝贵的财富奉献给上帝为何是一种罪；而为了这财富他曾不惜丢弃自己的性命；如若这是一种罪，如若他不曾爱过以撒，那他就不会理解，为何这罪仍可赦免；因为，还有比这更严重的罪行吗？[16]

─────────

〔15〕 夏甲原为亚伯拉罕的使女，与亚伯拉罕生一子（以实玛利）后被驱逐出家门。参见《旧约·创世记》（21：9－14）：

> 当时，撒拉看见埃及人夏甲给亚伯拉罕所生的儿子戏笑，就对亚伯拉罕说："你把这使女和她儿子赶出去！因为这使女的儿子不可与我的儿子以撒一同承受产业。"……亚伯拉罕清早起来，拿饼和一皮袋水，给了夏甲，搭在她的肩上，又把孩子交给她，打发她走。夏甲就走了，在别是巴的旷野走迷了路。

在这个故事中，驱逐夏甲也符合上帝对亚伯拉罕的授意，后来夏甲母子在旷野迷路也有上帝的助佑。

〔16〕 在《恐惧与战栗》出版六天后，基尔克果实名出版了《三篇训导性演说》，其中一篇名为"爱能遮掩许多的罪"，或可帮助我们理解这第三个仿写的亚伯拉罕。

*

当婴孩需要断奶之时，母亲也绝非毫无痛感。曾经依偎在她心口、栖息在她胸前的孩子将和她慢慢分离，他们将不再如此亲近。然而这暂时的痛感，他们仍能在一起共同经受。这些能将孩子留在身边而不必经受更大痛楚的人是多么幸运！

四

清晨，当一切准备停当，亚伯拉罕便辞别撒拉启程。忠仆以利以谢一路跟随，直到亚伯拉罕示意他留下。亚伯拉罕与以撒一同骑驴而行，最终到达摩利亚山。亚伯拉罕平静而沉默地为献祭做好了所有准备，但等他转过身来时，以撒便瞥见他那因苦闷而紧紧攥着的左手——一个冷战穿过以撒的身体，但亚伯拉罕已拔出了刀子。

后来，他们再次返家，撒拉赶忙出门迎接，但以撒此时已失去了信仰。这世上没有一个词语可用来诉说此番感受。[17] 对于那天见到的一切，以撒缄口不提，而亚伯拉罕也从不担心会有人知晓该事。

---

〔17〕 同样的句式也曾出现在基尔克果的日记之中（如 *Søren Kierkegaard's Papirer* Ⅷ，A 17），用来描述其父遗传给他的那病态的忧郁。这第四个仿写部分采用了以亚伯拉罕之子以撒为主体的视角。加拿大诗人、歌手 cohen 有一首歌以以撒为第一人称叙述亚伯拉罕故事，可资参考。详见"中译者前言"。

*

当婴孩需要断奶之时，母亲早已准备好更有营养的食物，因此婴孩不会有任何损失。这拥有更好食物的人是多么幸运！

就这样，这人用各种类似的方式思考着、逼近着那个故事。每次从摩利亚山返家时，他都筋疲力尽，颓丧地紧扣双手并喃喃道："没人能比亚伯拉罕更崇高，又有谁能理解他呢？"[18]

---

〔18〕 以上四个仿写亦可以理解为对亚伯拉罕故事的四重"变奏"。"一百个读者能读出一百个哈姆雷特"，这话也可以用在亚伯拉罕身上。对亚伯拉罕故事的解读吸引着无数的人。比如，Agacinski 在其论文中认为，一个真正的决定必须是自己独立做出的，而亚伯拉罕所谓"决定"却最终受到上帝使者的干扰——谁知道他最后会不会真的杀死以撒呢？由此作者提出一个假设，也许亚伯拉罕也在暗暗考验着上帝，他心想："我倒要看看，上帝真的会让我杀死以撒吗？"如果是这样，亚伯拉罕就成了一个怀疑论者了（见 Aparte：*Conceptions and Deaths of Soren Kierkegaard*, Sylviane Agacinski. translated by Kevin, Newmark, Florida State University Press, Gainesville, 1988）。另外，英国诗人 Wilfred Owen 在 "*The Parable of the Old Man and the Young*" 这首诗中却想象了一个绝望的亚伯拉罕：在听到上帝的使者阻止他杀掉以撒的命令后，亚伯拉罕依然用刀刺死了以撒——他对上帝如此"考验"他感到无法忍受，在最后一刻违抗了上帝（当然我这样的解读并不符合诗人的原意，原诗见 *The Poems of Wilfred Owen*, cd. Jon Stallworthy, London：Chatto and Windus, 1990，页 151）。甚至自称在基尔克果那里"迷路"的卡夫卡也在其书信中设想着关于亚伯拉罕的种种"可能"（参见《卡夫卡全集》第 7 卷，河北教育出版社）。详见"中译者前言"。

亚伯拉罕颂辞

倘若在个人身上并不存有永恒意识，倘若一切的一切不过是一场喧哗与骚动，而所有崇高与卑微不过是盲目的激情扭结而成的产物；倘若那深不可测且不知餍足的虚空真的潜藏在万物之下，那么，生活除了绝望还剩下什么？倘若事实果真如此，倘若没有神圣的契约将人类紧密连结，倘若一代代人像林中的树叶一般成长，倘若一代代人像鸟群的清歌一般兴替，倘若人们行经世界如同一叶扁舟飘过大海或一阵狂风吹过沙漠般匆匆，缺乏深邃思想的指引与宏伟目标的激励，倘若永恒的遗忘饥渴地窥伺着其猎物，却没有任何力量足以阻止它去蚕食一切——那么，生活中的安慰将荡然无存！然而事实绝非如此。上帝创造了男人和女人，同样也塑成了英雄和诗人——后者也叫演说家，他不具有英雄的才华，他所能做的只是崇拜、热爱，以及从英雄那里汲取欢乐。不过，说到幸福感，他却并不必羡慕英雄；英雄是诗人更理想的自我，后者会庆幸于自己不必真的成为英雄，庆幸于自己的热爱可以仅仅体现为崇拜。诗人实为记忆之灵，他只能意识到已完成之事，只能去崇拜那已完成之伟业。他从不付出分毫，却觊觎着不属于自己的托管物。他散漫地随心而行，然而，一旦觅得他所苦寻之物，他就会游遍每个人的家门，让大家倾听自己的歌曲与颂辞，为的是让人们都像自己一般崇拜英雄，为英雄而骄傲。他将这些当作自己的功绩，督促自己完成这卑微的任务，以便向英雄之家表露耿耿忠心。倘若他依然忠于自己的热爱，倘若他仍夜以继日地抵抗遗忘之神，那使人们远离英雄的魅惑，那他就履行了自己的职责；此时，他就与英雄构成了一个整体——反过来，英雄也同样忠诚地热爱着诗人；作为英雄[19]更理想的自我，诗人就是记忆本身：一方面对现实毫无功用，另一方面却可以比现实更加完美。所有具备崇高因子的人都不该被遗忘；时光荏苒之中，一阵误解之雾就可能掩盖英雄的记忆——幸好，英雄的热爱者依然守卫着那些记忆，年复一年，愈发忠诚而坚定。

是啊！在这世上，崇高者都不该被遗忘，但每个人自有其崇高的方式，而且人们崇高的程度恰与其所热爱之物成正比。爱自己的人，仅在一己之内崇高；爱他人者通过不断奉献而愈加崇高；而爱上帝者则是崇高的极致。这些人都值得记忆，但其崇高程度又与其所期盼之物成正比。有人因期盼可能而崇高，也有人因期盼永恒而崇高；而最崇高的，是那期盼不可能的人。这些人都值得记忆，但其崇高程度又与其所抗争的对象相符合。对抗世界者因征服世界而崇高，对抗自我者因征服自我而崇高；而最崇高的，是对抗上帝的人。在这世上有着各种冲突：人与人，个体与集体，而与上帝的冲突则是最崇高的。在尘世所发生的冲突之中，有人凭一己之力征服一切，有人则凭着自己的无能为力而征服上帝。有人依靠自己而赢取了一切，有人限制自己的力量并放弃一切；而最崇高的，则是信任上帝之人。[20] 有人因自己的力量而崇高，

---

〔19〕　强调为原作者所加，以楷体表明，后同。

〔20〕　这段排比句所列举的三种"崇高者"，可分别理解为悲剧英雄、无限弃绝骑士和信仰骑士。如"期盼可能"是悲剧英雄，"期盼永恒"是弃绝者，"期盼不可能"则是信仰者。这篇"颂辞"是"调音"的结果，也是此后种种"疑难"的先声。

有人因自己的智慧而崇高，还有人因希望、因爱而崇高；而最崇高的则是亚伯拉罕，他的崇高，在于无能为力的力量，在于愚拙[21]的秘密，更在于貌似顽冥的希望和对自我的憎恶。

　　凭着信仰，亚伯拉罕离开父辈的土地，成为应允之地[22]的异客。他将某些东西丢弃在身后，然后紧紧抓住另外一些。他所丢弃的是世俗的理解力，而他紧握在手中的则是信仰。若非如此，他不会毅然离开故土，这从世俗角度看愚蠢透顶。凭着信仰，他成了应允之地的异客；这里极目萧条，他并未找到停留的理由，但对奇珍美服的向往诱惑着他的灵魂，使他在悲苦中守望。他确信，自己是上帝选中之人，上帝对他宠爱有加，一定是这样！如若他曾遭受厌弃，曾被排除出上帝的恩典之外，他或许更能理解自己的处境。从当时的情形看，一切更像是对亚伯拉罕和他的信仰的无情嘲弄。曾有另一个人，他同亚伯拉罕一样离开了祖辈热爱的土地，过着被放逐的生活。[23] 人们并没有忘记他和他的哀歌，他借着哀歌寻觅并且回到了自己失去的乐土。但亚伯拉罕并未留下哀歌。抱怨、哀叹、哭泣、同情都是人之常情，但葆有信

---

〔21〕《新约·哥林多前书》（3：18）：

　　你们中间若有人在这世界自以为有智慧，倒不如变作愚拙，好成为有智慧的。

〔22〕《旧约·创世记》中记载，亚伯拉罕随上帝的指引离开故土哈兰，往迦南定居，因为上帝允诺他的后裔将在那里成立大国。因此迦南被称为"应允之地"（promised land），也译为"希望之乡"。

〔23〕 可能指先知耶利米，他曾预言耶路撒冷的灭亡，但未受犹太人重视，自己也因此身陷囹圄。耶路撒冷灭亡之后他以哀歌抒写悲愤。下一段那"最终放弃了渴盼"的人亦可指耶利米。参见《旧约·耶利米书》《旧约·耶利米哀歌》。

仰的人更为崇高，坚持信念的人更值得祝福。

是信仰让亚伯拉罕接受了上帝的允诺，相信万国都将因他的子孙而得福。[24] 时光飞逝，可能性还存在，亚伯拉罕依然葆有信仰；时光飞逝，可能性已然不在，亚伯拉罕仍葆有信仰。曾有另一个人，处在和亚伯拉罕同样的情形下，他最终放弃了渴盼。时光飞逝，黑暗曾一次又一次降临，他没有轻易忘记期望；因此，他也不该被遗忘。但随后，悲伤侵蚀了他。然而，与欺骗他的生活相比，悲伤是如此温柔，它极尽所能让他占有了那既已落空的期望。与悲伤者同悲是人之常情，但葆有信仰的人更崇高，坚持信念的人更值得祝福。亚伯拉罕并未留下悲歌。时光飞逝，他不曾在凄苦中度日如年，不曾用犹疑的目光打量撒拉是否已衰老；他并没有试图阻止日影西移[25] 以便延续撒拉的青春，然后靠着这青春延续自己的期望；他也没有为撒拉吟唱可以镇痛的凄苦诗章。岁月渐渐爬上亚伯拉罕的眉梢，撒拉也成了邻人的笑柄，但老人仍坚信，他是上帝选中的子民，他的子孙将使万国得福。如果不

---

[24] 《新约·加拉太书》（3：8）：

　　并且圣经既然预先看明，神要叫外邦人因信称义，就早已传福音给亚伯拉罕，说："万国都必因你得福。"

[25] 《旧约·约书亚记》（10：12–13）：

　　约书亚……在以色列人眼前说：
　　"日头啊，你要停在基遍；
　　月亮啊，你要止在亚雅仑谷。"
　　于是日头停留，月亮止住，
　　直等国民向敌人报仇。

被上帝选中，对他是不是更好？成为上帝选中之人意味着什么？它是否意味着在年轻时否决那生机勃勃的渴望，为的是在老去时苦尽甘来？亚伯拉罕不曾多想，他信赖并坚守上帝的承诺。若他曾稍有动摇，恐怕早就会选择放弃；他也许就会对上帝说："说到底，您可能并不希望那一切成真吧？那么我放弃了，虽然它曾是我唯一的渴求，唯一的欢乐。我的灵魂诚实，我知道您也不会容许暗中的抱怨。"若是这样，他依然不会被遗忘，依然会成为很多人自我拯救的榜样，但是他不会再是信仰之父了。因为，放弃渴望固然崇高，更崇高的却是在放弃之后依然谨守那渴望；紧握永恒固然崇高，更崇高的却是在放弃现世之后依然忠于它。命定的时刻最终会到来。但是，若亚伯拉罕没有信仰，撒拉恐怕早已死于心碎，而他本人，因哀伤渐至愚钝，将不能理解愿望的最终实现，甚或将它当作年少的梦幻来嘲笑。但亚伯拉罕依然满怀信仰，于是，他依然年轻。因为，那永远期待最好的人将日渐衰老，并被生活所诓骗，那总是做最坏打算的人将未老先衰，而心怀信仰的人将永不变老。让我们赞美那故事！虽然挡不住岁月的风霜，但撒拉仍然年轻，仍能期待成为母亲的喜悦；虽然两鬓斑白如雪，但亚伯拉罕仍然年轻，仍能期待做父亲的欢乐。表面上看，信仰奇迹在于：亚伯拉罕和撒拉始终年轻得足以让那个期待实现。从更深的意义上讲，信仰奇迹其实在于：亚伯拉罕夫妇始终年轻得足以去继续渴望；信仰能将渴望延续，直至他们度过整个少壮时期。亚伯拉罕相信许诺定能成真，他通过信仰接受这一许诺，而一切也的确如期望和信仰中所昭示的那样发生了。相反，摩西在用手杖击打磐石之时，[26]并不相信奇迹真能发生。

于是，在亚伯拉罕夫妇的金婚之日上，撒拉成为新娘一般快乐的母亲，亚伯拉罕的家中充溢着欢乐。

但一切并未就此终结，亚伯拉罕必须再次面对考验。他与之缠斗的，是那创造了万物的精微之力，是那时刻警觉的永醒者，是那比一切都长久的老人——这老者就是时间本身，亚伯拉罕在与它的战斗中保持住了信仰。如今，该斗争的所有可怖之处都凝聚在下面这一刻："神要试验亚伯拉罕，就呼叫他说，你带着你的儿子，就是你独生的儿子，你所爱的以撒，往摩利亚地去，在我所要指示你的山上，把他献为燔祭。"

唉，一切又失去了，甚至比从没拥有过更糟！现在才明白，上帝一直在戏弄亚伯拉罕！上帝曾显示奇迹，将荒谬变为事实，可现在，到手的一切重归于虚无。愚蠢透顶！可亚伯拉罕呢？撒拉在初次听闻上帝允诺时曾偷偷发笑，[27]但亚伯拉罕直到此刻都

---

[26] 《旧约·出埃及记》（17：5-6）：

> 耶和华对摩西说："……我必在何烈的磐石那里站在你面前，你要击打磐石，从磐石里必有水流出来，使百姓可以喝。"摩西就在以色列的长老眼前这样行了。

[27] 《旧约·创世记》（18：12）：

> 撒拉心里暗笑，说："我既已衰败，我主也老迈，岂能有这喜事呢？"

不过应该指出的是，在亚伯拉罕九十九岁那年，当上帝向他许诺说，他的妻子撒拉（当时她九十岁）将为他生养儿子时，亚伯拉罕也曾怀疑过（《旧约·创世记》17：17）：

> 亚伯拉罕就俯伏在地喜笑，心里说："一百岁的人还能得孩子吗？"

没有这么做。一切都已失去！70 年充满信仰的期待，可美梦成真的快乐竟顷刻逝去。是谁残忍地夺去了这年长者的手杖，又是谁竟要求他将这唯一的支撑亲手折断？是谁让这鬓发如雪的老人遭受遗弃，又是谁命他作出如此严酷的割舍？难道这年高德劭的老者不值得同情，这天真烂漫的孩童不值得怜惜？而亚伯拉罕的确是上帝选中之人，是上帝让亚伯拉罕经受考验的。一切必须要失去了！泽被人类的巨大荣光，荫庇子孙的美好承诺，一切不过是痴想，是上帝一时兴起的遐思——而亚伯拉罕却不得不收拾残局。年轻的以撒就是那昭示荣耀的珍宝，但他却与亚伯拉罕心中的信仰一般古老。他是这老父的生命之果。这果实因常年的祈祷而愈发神圣，因不断的斗争而愈发成熟——而现在，却有人要不由分说地掠夺这果实。以撒要被献为燔祭，难道有什么理由能解释上帝的这一命令？[28] 想象下面这个时刻，它悲伤但充满福佑：亚伯拉罕在临终前告别他曾热爱的一切，他最后一次抬起那尊贵的头颅，他的容颜染上了圣主的光亮，他将自己的整个灵魂倾注于那个祝福之中，因为有一个力量答应给予以撒永生的欢乐——这一刻不会来临了！如今，亚伯拉罕仍要告别以撒，但留在这个世界的却是他自己。死亡将一对父子分离，成为祭品的却是以撒。老

---

〔28〕　在写作《恐惧与战栗》的同时，基尔克果在日记中曾写道："可以设想亚伯拉罕在以前的生活中并非毫无罪过的；并且他自己也暗地认为这件事是上帝对他的惩罚。"见 *Kierkegaard，Søren：Fear and Trembling – Repetition.* Edited and Translated with Introduction and Notes by Howard V. Hong and Edna H. Hong. Princeton University Press，1983，页 242。基尔克果没有让这种假设出现在《恐惧与战栗》的定稿中，否则便会贬损上帝对亚伯拉罕这一考验的不可理解性，也会贬损亚伯拉罕本人的不可理解性。"疑难三"中约翰尼斯也专门探讨过罪的问题，对之的解读参见"附录"之"《恐惧与战栗》究竟说了什么？"亦可参看注释 107。

父没有能伸出手祝福以撒，却不得不用自己的手结束以撒的生命。确确实实，是上帝在考验他。而那为亚伯拉罕传信的使者，他心中该是多么纠结！传递这样悲哀的讯息，该具有多么大的勇气！是啊，考验亚伯拉罕的人正是上帝。

但亚伯拉罕依然葆有信仰，并且是对此生幸福的信仰。是的，仅仅怀有对来世的信仰更为轻松，你只需否弃一切并设法逃离这个并不属于你的世界即可。但亚伯拉罕的信仰绝非此类，因为此类的所谓信仰不过信仰的一种遥远变异，持有此类信仰的人只能模糊地瞥见信仰的内核，但却与其隔着巨大的深渊，而绝望正在这深渊中肆意嬉闹。亚伯拉罕则是对此世的生活抱有信念：他相信自己将安度晚年，安享其子民的敬仰，死后他将永得福佑，为以撒永远怀念——正如上帝所言，以撒是他一生所爱，无论怎样热烈的拥抱，都不能完全表达这爱，表达这位老者所履行的身为人父的责任感。雅各有十二个儿子而他只爱其中之一;[29] 亚伯拉罕只有一个儿子，就是他所爱的以撒。

但亚伯拉罕依然葆有信仰而决不怀疑。他相信荒谬。倘若亚伯拉罕起了疑心——也许，他会另有所为，甚至能完成光辉的伟业，因为他是注定不平凡的亚伯拉罕。他仍将登上摩利亚山，劈好木柴，燃起火焰，拔出刀子——他将向上帝哭喊："不要嘲笑这个祭品，我知道，它不是我所拥有的最好之物；一个老人的性命怎么能与一个身受福佑的孩子相比呢？但我能献出的最好之物就是我的生命了。让以撒永远不知实情吧，这样他年轻的心灵还会有些许安慰。"他会将刀锋刺入自己的胸膛，他会得到世人的崇敬

---

〔29〕　雅各为亚伯拉罕之孙，以撒之子，他的十二个儿子后来成为以色列十二个部落的祖先。参见《旧约·创世记》。

并流芳百世。然而，让人崇敬是一回事，成为引导众人脱离苦闷的启明星却是另一回事。

　　但亚伯拉罕依然葆有信仰。他不曾在上帝面前乞怜，要求主收回成命。只有一次，在惩罚即将降临于蛾摩拉城和所多玛城之时，亚伯拉罕才试图用祈祷向那里的人们求情。[30]

　　我们在圣经中读道："上帝引诱亚伯拉罕，对他说：亚伯拉罕，你在哪里？但是，亚伯拉罕答道：我在这里。"[31] 你，我的读者，是否也曾有类似经历？当看到命运之神那巨大的身影在远处闪现时，你是否曾悄悄对大山说"藏起我"，对小山说"遮蔽我"？[32] 或者，如果你更为坚强，你的脚步难道不会在这命定的道路上犹疑踟蹰？它们难道不渴望回到那自己熟悉的老路上？当命运召唤你，你会答应吗？也许不会？或者，你只能用微弱的低语回应？但亚伯拉罕没有这样，他大声地回应道："我在这里"，愉悦、无畏，对上帝充满信任。我们再往下读经文："亚伯拉罕清

────────────

〔30〕《旧约·创世记》（18：22－33）记载，亚伯拉罕曾替蛾摩拉城和所多玛城的义人求情，希望上帝不要将他们一并毁灭，上帝答应他只要有十个义人便不毁灭那城。后上帝亲临两城，受到除罗得一家外所有人的攻击。于是上帝用硫磺和火烧毁两城，仅容许罗得一家逃离，但罗得之妻因逃离时回头而变成一根盐柱。

〔31〕基尔克果对《旧约·创世记》22：1 的自由引用。此后基尔克果对圣经的引用均非完全忠实于原文。本处原文为："神要试验亚伯拉罕，就呼叫他说：'亚伯拉罕！'他说：'我在这里。'"

〔32〕《新约·路加福音》（23：30）：

　　那时，人要向大山说：
　　"倒在我们身上！"
　　向小山说：
　　"遮盖我们！"

早起来"，[33] 他急匆匆地像是奔赴庆典；他到达指定的地方摩利亚山时也是大清早。对以撒，对以利以谢，他都不发一言。毕竟，谁能理解他呢？从本质上看，接受这场考验不正是意味着接受了一个默誓吗？"他把柴摆好，捆绑住以撒，点燃木柴，然后拔出刀子。"我的听众啊！很多为父者都体验过丧子之痛，他从此失去了这个世界上最宝贵的事物，也失去了未来的一切希望；然而，没有人能了解到以撒对亚伯拉罕的意义，因为后者是上帝所允诺的儿子，很多为父者都失去了孩子，但夺取他们孩子的是上帝之手，是那不可质疑与变更的全能者的意志。亚伯拉罕的情况则绝非如此。摆在他面前的是一场严酷考验，儿子以撒的命运就由自己手上的刀子决定。老父亚伯拉罕站在这儿，身边是他的儿子，他唯一的希望！但他并没有犹豫，没有苦恼地左顾右盼，没有用自己的祈祷挑战上天。他深知，是全能者上帝在试探他，他知道这是所能要求于他的最艰难的牺牲；但他同样知道，只要是上帝之命，没有什么牺牲会艰难到无法承受——于是他拔出了刀子。

任何目睹这一幕的人都会瘫倒，所以我们想知道，是谁为亚伯拉罕的手臂注入了力量，让他的右手高高举起而没有颓然无力地落下？任何目睹这一幕的人都会变成瞎子，所以我们想知道，是谁为亚伯拉罕的灵魂注入了力量，让他没有因情绪失控而看不清以撒或那只公羊？但实际上，很少有人因为该故事而瘫倒或失明，更少有人能真正理解它并准确地讲述它。因为，众所周知，那不过是一场考验。

假设，站在摩利亚峰顶的那一刻亚伯拉罕果真犹豫了，假设他怀疑地四下张望，希望在抽出刀子前突然瞥见公羊，瞥见上帝

---

〔33〕 参见《旧约·创世记》（22：3）。

允许他用来替代以撒的祭品——那么，稍后他仍可安然返家，于是一切恢复平静：他依然拥有以撒，依然能继续照顾以撒。可这平静不过是表象！他的退缩是不折不扣的逃避，因之，他所得到的解救也不过是偶然，所获得的报酬更是一种羞辱，而诅咒会潜藏在他的未来岁月里。他仍没有真正领会信仰的真意和上帝的仁慈，他所见证的，不过是通往摩利亚山之路的可怖。这种情况下，人们依然不会遗忘亚伯拉罕和摩利亚山。然而，与人们提及作为挪亚方舟登陆地的亚拉腊山不同，在提及亚伯拉罕老父产生怀疑的这个山峰时，人们所感受到的只是惊悸。

可敬的老父亚伯拉罕啊！当你从摩利亚山返家时，人们无需用热情的颂扬来慰藉你的损失，因为事实上，你得到了一切并留住了以撒。[34] 不是吗？上帝再也没有从他身边夺走以撒。你端坐在帐篷里，以撒时刻随身相伴，这样的安详快慰将永远延续下去。可敬的老父亚伯拉罕啊！数千年的时间倏忽即逝，你却不需要后来的崇拜者将关于你的记忆从忘却之神那里抢救出来，因为，那记忆牢牢地存在于每个母亲的双唇之上，而你甚至能不断将巨大的荣耀给予你的崇拜者。你宽广的心胸将给予他们祝福，你奇迹般的行为将时时吸引他们的目光与沉思。可敬的老父亚伯拉罕！人类的再生之父！你目睹并亲历了那巨大的激情：它竟能轻视与自然之狂暴和宇宙之蛮力作斗争的胆量，因为它斗争的对象是上帝；你第一次体验了那极致的激情：它是神圣癫狂的庄严、纯粹

---

〔34〕 在与《恐惧与战栗》同时出版的《重复》一书中，基尔克果将约伯的故事作为核心内容之一。因为撒旦与上帝打赌而经受了种种苦难之后，约伯坚持信仰并加倍赢回了一切——这和重得以撒的亚伯拉罕相似。不同的是，约伯的闪光点是"忍受苦难"，亚伯拉罕则要亲手完成苦难并背弃伦理。可以说，本书是《重复》一书的进一步深化。

而谦逊的表达，它会让异教徒与无神论者们心生艳慕——不过，原谅那些异教徒吧，虽然他们对你的颂扬不得要旨。他们在谈论你是心怀谦恭，内心充满渴望；他们说的简洁、精当，但他们将决不会忘记，您整整用了一百年的时间才等来儿子的降生，但却要违逆自己的唯一希望，挥刀刺向以撒；他们将决不会忘记，整整一百三十年的时间里，[35] 您没有超出信仰一步。

---

[35] 圣经中并未明确亚伯拉罕献祭以撒时的年龄。按基尔克果所言，则以撒当时年届 30，这也是基尔克果写作此书时的年龄。在日记中，基尔克果也曾提及自己将作为献祭的预感(参见，《克尔凯戈尔日记选》，晏可佳等译，上海社会科学院出版社，1996，页 37)：

在每一代人中，总有一些人命定要为其余的人做祭品……我相信自己是要被献祭的，因为我理解我的痛苦和苦恼使我得以创造性地钻研有益于人的真理。

疑难谱集

* * *

心曲初奏

有一句用来描述外在和可见世界的老话："唯劳作者方可得食。"[36] 奇怪的是，这话的适用性差得很，因为，外在世界遵从的其实是漏洞百出的律法：在那里，我们一再发现，无所事事者总能啃到面包，懒汉们比劳作者得到的食物更丰盛；在那里，万物都属于碰巧拥有它的人——这条律法名为"漠然律"，于是指环中的魔仆会听从佩戴指环的人，无论他是诺内丁还是阿拉丁；[37]

---

[36] 《新约·帖撒罗尼迦后书》（3：10–12）：

> 我们在你们那里的时候，曾吩咐你们说，若有人不肯作工，就不可吃饭。……我们靠主耶稣基督，吩咐、劝诫这样的人，要安静作工，吃自己的饭。

[37] 丹麦浪漫主义诗人、剧作家奥伦施莱格尔（Adam Oehlenschläger，1779—1850）曾创作剧本《阿拉丁》，上演于 1839 年的哥本哈根。在该剧中，英雄阿拉丁和诺内丁分别象征光明和黑暗（这一对象征贯穿该剧始终，比如序曲中有这么一段场景。活泼的姐姐拉开窗帘使日光照进昏暗的屋子，然后对着抑郁地抱着竖琴的妹妹说道："铁被火锻炼而成为锐利的宝剑。在黑暗的地底发芽的种子朝着太阳开出花朵。同样，拥有北方的昏暗力量的你，需要东方的火与光。你需要我的光明和诗性的灵感。"）；后者也曾控制过指环和神灯。参见 *Papirer* Ⅱ，A 451。

于是有钱的人便可随意挥霍，没人在意那是不是不义之财。而在精神世界则是另一番景象。这里通行的是永恒的神性法则；这里的雨水不会同样滋润义人和恶人，阳光也不会普照好人和歹人；[38] 这里，唯劳作者方可得食，唯苦闷者方能休憩，唯降入下界者方可拯救所爱，唯拔出刀子者方能得到以撒。这里不劳动者非但不得食，还要受到诱惑，就像诸神诱骗俄耳甫斯、用幻影代替了他的爱妻一般[39]——神明之所以诱骗俄耳甫斯，是由于他内心柔软而缺乏勇气，由于他是一个七弦琴歌者而非真正的男人。

在这里，有亚伯拉罕作为祖先也好，[40] 有十七个世纪的贵族血统也罢，统统不能成为你优于他人的理由；对于那些不劳作者，

---

[38] 《新约·马太福音》(5：44-45)：

> 只是我告诉你们：要爱你们的仇敌，为那逼迫你们的祷告。这样，就可以作你们天父的儿子。因为他叫日头照好人，也照歹人；降雨给义人，也给不义的人。

[39] 此处基尔克果采用了柏拉图在《会饮》(179d)中对俄耳甫斯故事的评述。俄耳甫斯，古希腊神话中居住在色雷斯的著名歌者。通行的传说中讲，他为了拯救因蛇毒殒命的爱妻而下到冥界，借琴声和痴情的力量带出了爱妻，只是冥王冥后要求他在离开时不得回头看，结果俄耳甫斯在即将回到人间时忍不住回头安慰不断抱怨的妻子，使得妻子最终化成幻影。

[40] 《新约·马太福音》(3：9)：

> 不要自己心里说："有亚伯拉罕为我们的祖宗。"我告诉你们：神能从这些石头中给亚伯拉罕兴起子孙来。

可以把形容以色列处女的话安在他们身上：他们孕育了风[41]——而劳作者则将孕育自己的父亲。

　　漠然律折磨着外在世界，而世俗心智却密谋将该律法强加给精神世界。它认为自己已足以通晓更广泛意义上的真理，已无需任何多余的劳作，但它最终未曾得到面包；万物在它周围化为黄金，它却行将饿死。它究竟知晓什么？数以千计的希腊人，数以万计的后世人知晓米提亚德的崇高胜利，但只有一个人曾为之不眠[42]。无

---

〔41〕《旧约·以赛亚书》（26：17–18）：

> 妇人怀孕，临产疼痛，
>
> 在痛苦之中喊叫；
>
> 耶和华啊，我们在你面前也是如此。
>
> 我们也曾怀孕疼痛，
>
> 所产的竟像风一样，
>
> 我们在地上未曾行什么拯救的事。
>
> 世上的居民也未曾败落。

〔42〕　米提亚德（Miltiades，约前554—前489）为率领雅典人获得马拉松战役胜利的统帅。不眠者当指忒弥斯托克利（Themistocles，约前529或前528—前462或前460年），雅典政治家和著名将领。此处基尔克果似指普鲁塔克《希腊罗马名人传》（*οἱ βίοι παράλληλοι*）中忒弥斯托克利的记述：

> 提米斯托克利可以说是一个非常激进的人，他为光荣的信念而兴奋不已，也为崇高的行动而情绪激昂，当希腊人在马拉松会战中对抗波斯人的时候，虽然他还在幼年，后来负责指挥的将领密提阿德（Miltiades），每到一个地方都会提到这件事，发现他专心聆听并且单独在沉思默想，甚至整夜都没有睡觉，连常去消遣的地方都不见他的踪影。有人对他的改变感到奇怪，就探问是什么道理会如此，他的回答是"米提亚德的战胜纪念碑使他无法成眠"。等到很多人表示意见，说是马拉松会战已经结束他们与波斯人的战争，提米斯托克利的想法完全不同，认为这是双方更激烈冲突的开端。（参见《希腊罗马名人传》，吉林出版集团，2009。）

数人熟稔亚伯拉罕的典故乃至倒背如流，但几个人会为之辗转不眠？

亚伯拉罕故事的奇崛之处正在于：无论后人对它的理解有多贫乏，都不会有损其辉；事实上，若想分享这光辉，我们必须甘愿"劳苦并承受重负"。[43] 然而，人们懒得劳作，却仍试图理解该故事。人们大肆谈论对亚伯拉罕的敬仰，但却慢慢将之变为老生常谈："他的崇高在于，他是如此热爱上帝以至于愿意将最好的奉献出来。"此言不虚，但"最好"这一形容词却显得含糊。将以撒认定为最好的，从语言上和思想上都安全而无风险，那作如是想者可以悠然地抽上一口烟斗，而那听众此时也可舒适地伸一伸懒腰。假如有一个富家子弟，因为偶遇耶稣，就听从其教诲变卖了全部家产救济穷人，[44] 我们当然也会对他夸赞一番，就像我们听说其他的善行一样，但是，如果没有付出劳作，我们甚至不可能真正理解这个青年，更不要说理解亚伯拉罕了。另外，就算有人放弃了自己最好的东西，他也不会因此就成为另一个亚伯拉罕。在亚伯拉罕故事中，最为人忽视的，是精神之剧痛。我对金钱并无义务可言，放弃它不会有精神上的负担，然而，父亲对于儿子却承担着最高、最神圣的义务。这一剧痛危险无匹且能使人

---

[43]　《新约·马太福音》（11：28）：

　　凡劳苦担重担的人，可以到我这里来，我就使你们得安息。

[44]　《新约·马太福音》（19：21－22）：

　　耶稣说："你若愿意作完全人，可去变卖你所有的，分给穷人，就必有财宝在天上，你还要来跟从我。"那少年人听见这话，就忧忧愁愁地走了，因为他的产业很多。

昏厥,[45] 于是人们选择将它淡忘,虽则他们仍不愿放弃谈论亚伯拉罕。于是,神甫们继续高谈阔论地演讲,并频繁使用"以撒"、"最好的"这样的字眼。一切看上去运转正常。倘若在昏昏欲睡的听众之中,恰有一人正受失眠症的困扰,那么最骇人、最深沉的误解就将在悲喜交叠之中产生。回家后,此人便表示要模仿亚伯拉罕,而儿子当然也是他最好的财富。若我们的演说家听闻此事,他必将火速找到此人,动用自己作为神甫的全部权威冲他大吼:"恶棍!社会渣滓!是怎样的魔鬼附体,让你竟想要谋杀亲生儿子?"在宣讲亚伯拉罕故事的时候,这位神甫总是心情舒畅,额头从不冒汗,然而此时,真让人吃惊,他却突然爆发出巨大的、饱含着正义感的愤怒,对那可怜的人大声呵斥,也许他心里正对自己的表现暗自得意,以前,他的演说可从来没有产生过如此辛辣而强烈的效果。他也许会对自己的妻子夸耀说:"我实在是个演说家,我只是缺一个机会;在礼拜日宣讲亚伯拉罕时,我从没有如此动情过。"如果这个演说家还保留着一点残余的心智,那它也必将在那个罪人沉着而威严的答复面前消失殆尽:"可是,这种事正是你在礼拜日所极力鼓吹的啊。"是啊,一个神甫怎么会宣讲此等事情?可他确实一直在这么做,原因很简单,他根本没有意识到自己在说什么。为何那些诗人没有以此为素材,却将他们的喜剧与小说中塞满废话与胡诌?在这里,喜剧性与悲剧性的因素紧紧相连并共同触及了绝对的无限性。神甫的演说本已经够可笑了,

---

〔45〕 此处,"使人昏厥"亦可译为"致人呕吐"。而本章"心曲初奏"亦可直译为"初次的吐出物"。假名作者约翰尼斯自称诗人,他与大肆谈论亚伯拉罕的人们虽有不同,但同样没有真正进入亚伯拉罕的境界之中,所以他只能靠不断的"调音"(参见"调音篇"的四个故事)、试奏、辩难("疑难谱集")来逼近亚伯拉罕。

这演说所带来的后果将这种喜感推演到了极致，而这一切的发生合情合理。假设那个罪人毫无抗拒地屈从了神甫的训斥，假设热心的神甫已经愉快地返家，愉快地发现自己的效力并不局限在讲道坛上，而是展现为感化灵魂的巨大力量，这力量在礼拜日之外的时间依然能鼓舞会众，就像手持巍峨宝剑的小天使，目光炯炯地逼视着敢于挑战"世事并不像牧师所宣讲的那样"这一谚语的不知好歹者。*

然而，假设这位罪人并没有因此屈从，他的处境就会充满悲剧性：要么被处死，要么被送往疯人院。总之，他与所谓的现实之间的关系被绷紧了。然而，从另一种意义上讲，我可以认为亚伯拉罕会赐福于他，因为劳作者可得永生。[46]

如何解释上面的矛盾？是否我们可以说，亚伯拉罕已私下获取了伟人的名号，因此无论他做什么都可被称为崇高，而其他人做同样的事就是一种罪，就是不可饶恕的？若果如是，那我将不再附和这无脑的赞扬。如果信仰并不足以使谋杀亲子成为神圣，那就让我们像谴责别人一样谴责亚伯拉罕吧。如果人们没有勇气彻思此事，没有勇气指责亚伯拉罕为凶手，那么我们最好先设法获得这种勇气，而不是浪费时间于那盲目的颂扬。对亚伯拉罕事件的伦理表达很明确：他试图谋杀亲子以撒。而宗教表达则是：他甘愿献祭以撒——在这矛盾中所隐藏的剧痛会让人彻夜不眠。

---

* ［约翰尼斯原注］旧时，人们常常念叨："真是遗憾，世界从不像牧师所说的那样。"时代变了，如今，不必借助哲学的帮助，我们就可以说："还好世事并不像牧师所说的那样，因为生活本身多少还有一点点意义，而牧师的布道则纯属空话。"

〔46〕 在基尔克果看来，朝向信仰的努力与劳作（哪怕一时搞错了方向）终究胜过自以为是的"理解"，和理解之后的优越感。

没有这剧痛，亚伯拉罕就名不副实。也许人们会猜测，真实的亚伯拉罕压根就没有杀子，也许他只是做了一件在当时看来稍微有些不可理喻的事情而已——那么，我们还是忘掉亚伯拉罕为好，因为劳神于那些对现时代无用的过去纯属浪费生命。也许，我们的演说家脑海中也会闪过某种伦理的判断，他会注意到以撒作为儿子的事实。假如将信仰作为一无所用的虚幻而剔除，所剩下的，恐怕就只有亚伯拉罕刺杀以撒这一粗鄙的行为了——对于没有信仰的人，该谋杀行为极易模仿——他们没有信仰，也就是说，他们不能感受到这行为所包含的艰难。

对我而言，我并不缺乏彻思整个事情的勇气。还没有什么思想曾让我退避，若有朝一日遇到此等思想，我至少坦白承认："这一思想吓坏了我。它煽动起我心中某种异己的鬼影，所以我不愿意思考它。"如果罪责在我，我也愿接受惩罚。若是我勉强认可亚伯拉罕是凶手这一判断，我不确定自己是否能压制对他的崇敬而不再多言。然而，若是这一判断是我自己思考的结论，我很可能就此缄默不语，因为这样的思想不适合诉于他人。可亚伯拉罕绝非一种幻象。他并没有躺在自己的名望之上休憩，也没有将自己的声誉归因于命运一时的恩宠。

能否直率而公开地探讨亚伯拉罕，而不必担心有人越出雷池以身效尤？如果不能，那就应该断然保持沉默，而不是将有关他的故事降低半音来演奏，从而诱惑弱者的耳朵。如果有人将信仰作为主音——也就是说，将故事恢复原貌——那么，在这个普遍忽略信仰的时代，我猜想人们可以公开谈论亚伯拉罕而不必冒上述风险。只有经由信仰之路，而不是通过谋杀，才能达到亚伯拉罕的境界。倘若有人将爱理解成一种易逝的情绪，一种来自内心、让人欢愉的兴奋，那么，当他谈及爱的满足时，就是为弱者设下了陷阱。的确，人人都有瞬间的情感，可如果以此为借口而胡作非为，并且假借爱情之名将其行为神圣化，那么，无论是那些已在爱情中得到满足的人，还是那些被误导的人，最终都将一无所获。

其实，谈论亚伯拉罕并无不可。所有的崇高都不会伤人，前提是我们能够把握住崇高。它就像一柄双刃剑，能同时带来死亡与救赎。如果命运要求我讲述亚伯拉罕，我必将首先论及他的虔诚，他对神的敬畏——他绝对配得上是上帝选中之人。我们能比得上亚伯拉罕吗？要明白，只有他这样的人才有资格进入那考验。接下来，我将描述亚伯拉罕对以撒的刻骨疼爱。最后，我还会祈求所有善良灵魂的支持，希望自己的演说能像父子之爱一般炽烈；希望，通过我的描述，没有人再敢轻易说：我爱自己的儿子就像亚伯拉罕爱以撒。如果不能像亚伯拉罕那般去爱，那么任何献祭儿子的想法都将是一种诱惑。以上这些意思够说上几个礼拜日了，我们不必着急。若我的演说配得上这神圣的主题，那它将达到下述效果：一些身为人父者将不再赶来倾听演说，因为他们已经将亚伯拉罕般的父爱当作自己的目标，一旦有所实现，便会异常幸福而别无所求。然而假设有那么一人，在把握住亚伯拉罕的崇高之处（同时也是其骇人之处）后仍决定踏上那惊险之旅，那么我将骑上马紧随其后。我将利用登上摩利亚山之前的每一步去提醒他：现在您仍来得及转身返回，仍来得及中止这违逆本性的挣扎，为自己"受到考验"的错觉而懊悔，仍来得及承认自己的确缺乏亚伯拉罕那样的勇气——让我们相信，若上帝想带走他的儿子，必会亲自动手。我深信，中途退出者无可指摘，且仍将得到和所有人一样的祝福。即使是在属于信仰的时代，这样的人也不会得到负面的评价。我知道这样的人——若他更为崇高，更加宽宏，便能拯救我的生活[47]——他们会平静地说："我知道自己的斤两，我缺乏胆魄。我怕自己在下一刻失去力量，怕自己在下一秒钟后悔。"也许这样的人算不上崇高，但谁会因此而对他心生怨念？

在感染了我的听众、让他们察觉到信仰的辩证斗争与其所蕴含的巨大激情之后，若有人表示"好吧，既然他的信仰如此高级，那我们只需要抓住他的衣服下摆就行了"，那么我将不会因这误解而自责；我将补充道："我本人绝没有信仰。从本性上讲，我应该是个精明的商人，因此作出信仰的跃迁对我来说困难重重。[48] 话说回来，我并不将此事看得太重，因为就算我完成了它，它也不一定会将我提升到高出常人与庸众的境界。"

对于爱情来说，诗人算得上是称职的神甫，我们偶尔能从他那儿听到如何维系爱情的忠告；但对于信仰，我们却无从聆听——谁来赞颂这样的激情？哲学早已更进一步，神学则浓妆艳抹、献媚地坐在窗前，只是为了讨哲学的欢欣。据说黑格尔深邃异常，亚伯拉罕呢？得了吧，他根本不值一提。超越黑格尔，那将是一个奇迹，而超越亚伯拉罕则完全是小事一桩。实不相瞒，本人也曾在黑格尔哲学上花费了时日，并自以为多少理解了它，我甚至颇为自信地认为，若我不了解的地方，原因只能是，黑格尔本来就没写明白。无论如何，研习黑格尔哲学轻松而自然，不会造成精神上的紧张。但当我不得不思考亚伯拉罕时，我的灵魂瞬间凋落了。我的头脑时刻为那个构成亚伯拉罕生活的怪诞悖论所占据，

---

〔47〕 一般认为此处暗指基尔克果的女友蕾吉娜（Regine）。基尔克果曾与其订婚，后撕毁婚约。此处，基尔克果似希望蕾吉娜能"宽宏地"理解他的这一决定，或者希望她"宽宏地"弃绝他。

〔48〕 可直译为"信仰的运动"。区分"信仰跃迁"与"无限弃绝跃迁"是"心曲初奏"的主要目的之一。

那悖论将我彻底拒斥，我的思想虽动用了全部的热情仍无法进入其中，甚至不能前进一步。我绷紧了每一根神经去逼视它，但在同一瞬间，我无可救药地昏厥了。

本人并非不熟悉世人所公认的崇高与伟大，我的灵魂也曾为它们而欢呼，尽管满怀谦卑，但我必须承认，我也是英雄们所为之奋斗的人群中的一分子，审视英雄们所为之努力的事业，我往往会情不自禁地朝自己呼喊："Jam tua res agitur！"［这也是我的分内之事！］〔49〕我可以站在英雄的视角看问题，但却无法进入亚伯拉罕的视角。每当我触及后者那样的高度，我的灵魂就会瞬间萎枯，因为我看到的只是悖谬。我决不认为信仰是劣等之物，恰恰相反，在我眼里它是最高之事，同时我也觉得，在哲学领域，提供一些信仰的替代品或轻视信仰都是不诚实的行为。哲学不能也不该对信仰妄加訾议，它该做的，是认识自己、明白自己到底能走多远；它可没有权利取消什么东西，更没有权利诱骗人们离开某处，并且说：那里没什么好看的。本人并非不熟悉生活的种种需要和风险，不会对它们感到恐惧，并随时敢于直面它们。我也了解那骇人之事，因为，记忆是我忠实的妻子，她更有想象力——与我本人的做派决然不同——这个勤勉有加的女仆（她会在整个白天孜孜于工作，一到夜晚就以极其悦人的方式向我诉说，虽然她所描绘的并不一定总是田园牧歌、繁花似锦的美景，但我仍不得不全神贯注地倾听），她们都能督促我直面那惊骇而不是在慌乱中奔跑。然而，我仍然清楚地知道，无论在面对那惊骇时有多么勇敢，我的勇气都不是信仰的勇气，甚至也没有资格与信仰

---

〔49〕 参见罗马抒情诗人贺拉斯的书信（Letter，Ⅰ，18，84）："当邻居的房屋着火，救火也是你的分内之事。"

相比。在面对信仰时，我无法闭上双眼并毫无顾虑地投入那荒谬之渊，因为它对我而言意味着不可能，然而，我也知道这绝不是什么值得夸耀之事。我确信，上帝即爱，这一思想对我如同纯洁的抒情诗一般确凿。[50] 当上帝之爱充盈于心，我就有无法言说的喜悦；当它无迹可寻时，我对它的期待甚至胜过恋人间的思念。然而，我仍不能说自己有信仰，信仰的勇气是我所不具备的。无论是从直接还是反面的意义而言，上帝之爱都已为我备好，它与整个现实不可通约。我不会做一个为此而鸣咽哀鸣的懦夫，但也不会别有用心地否认信仰是更高之事。我大可以继续我行我素，且仍旧感到幸福快慰，但我的幸福绝对不是信仰者的幸福——与之相比，我毋宁说是不幸的。我没有以自己卑微的烦恼来惊扰上帝，也不沉溺于细枝末节，而是专注于爱，努力保持这处女般纯洁无瑕的情感。而信仰呢？在信仰中，上帝不会忽视最琐碎的细节。比如，当我对自己的婚姻状况感到满意时，信仰却谦卑地为我寻求更好的——这样的谦卑我不能也不愿否认。

我很好奇，我的同代人是否真的有能力做出信仰的跃迁？除非我完全搞错了，否则他们看上去相当志得意满，因为他们觉得自己可以做出那不完美的跳跃，他们会问：你行吗？确实，做那些众人皆为之事有违我的心性。比如说，我不愿漠然谈论那千年前的事件，似乎它离我们无比遥远；我希望我在谈到那些事件时，无论是赞扬还是指摘，让人听上去就像发生在昨天，而人们如果对它产生距离感，也只能是因为它过于崇高。如果——请允许我借用悲剧英雄的处境来讨论，因为更高的境界我也无法达到——

---

〔50〕 虽然充斥着恐惧、惊骇、苦闷、困厄等悲感体验，但"上帝即爱"仍是《恐惧与战栗》的一个秘密主题。参见注释16。

如果有人召唤我踏上那通往崇高的道路，比方说前往摩利亚山，我知道自己将毅然上路，而不是在家中怯懦地躲避；我也不会在路上歇息或磨蹭，不会故意忘带刀子以便造成延宕；无疑，我将准时到场并安排好一切——甚至我会因为到得太早而提前做好了准备。但是，我同样知晓我做不到的事。在打马上路的刹那，我会自言自语："一切都结束了，上帝要带走以撒，我将献出他，也献出我全部的欢乐——但上帝即爱，对我来讲这话依然有效。"之所以这样想，是因为在俗世中，上帝与我没有共同的语言，无法直接交流。或许在当今时代，有人会出于对崇高的无知与嫉恨而假设：倘若我真的完成了此事，我将比亚伯拉罕更为崇高，因为我的无限弃绝[51]不是比亚伯拉罕的死心眼儿更理想更富有诗意吗？这实在是最严重的谬误，因为我的无限弃绝不过是信仰的替代品。为了重新找回自我并再一次栖于自我之上，我所做的事情并不多于这无限的跃迁。可是，我爱以撒的炽烈程度不比亚伯拉罕。人们认为我完成得越坚决，就越证明我的勇气，认为若我不是以全部灵魂来爱以撒，那我的行为就是彻底的丧失天良——可我爱以撒的炽烈程度仍不比亚伯拉罕，否则我该会在最后一刻收手，甚至在这之前就开始踟蹰以至于没有在约定的时间到达摩利亚山顶。此外，我的行为最终将损害故事的意义，因为当以撒失而复得，我必将困惑莫名。亚伯拉罕轻而易举接受的事实却让我无法前行，我无法像这位老父一样享受重得以撒的欢乐，因为，那用尽自我灵魂内所有无限性的人，proprio motu et propriis auspi-

---

〔51〕 之所以说此处"我"的弃绝是无限的，是因为"我"内心极不情愿放弃以撒，尤其是不相信以撒能失而复得——这是真正意义上的、无可挽回的放弃。

ciis［出于自愿且自负自责的］，既已做出了无限的跃迁而无法再
挪动一步，此后，他只能悲哀地面对留在身旁的以撒。

　　而亚伯拉罕呢？他到的不早也不晚。他备好驴，他缓缓骑行。
一路上他仍满怀信仰，他相信上帝不会带走以撒，但同时，倘若
上帝需要，他仍甘心献出以撒。他信赖荒谬之力，人类的算计对
此无可置喙。上帝命他献出以撒，又会在下一秒取消这个命令
——这的确荒谬至极。亚伯拉罕攀上山顶，随后，在刀光闪现的
一瞬，他仍然坚信——上帝不会带走以撒。当然，最后的结局也
让他惊讶，但借助双重跃迁，[52] 他得以重回原点，得以更加欢欣
地重享天伦。让我们更进一步吧，假设以撒最后真的成了祭品。
即使那样亚伯拉罕仍将怀着信仰，这信仰并不朝向某种未曾到来
的幸福，相反，他相信自己在此时、在此世就能得到上帝的赐福。
上帝必赐给他一个新以撒，将那依然献为燔祭之人重新成为他人
生中鲜活的一部分。他信赖荒谬之力，而这正是人类的算计踟蹰
不前之处。我们可以承认致人癫狂的悲伤，虽然意识到这一点殊
为不易；我们可以承认意愿之旋风升上高空以拯救理解力的壮举
——虽然那意义的扭结往往令我们眩晕。[53] 以上这些都理所当

———————

〔52〕　即"无限弃绝跃迁"和"信仰跃迁"。

〔53〕　"扭结"通常发生在常人的理性试图理解在他本人所处境界之上
的事物时，由此所产生的疯狂、纠结是理性的高峰，也是理性的界限——是
各种范畴碰撞的、精神上的"摩利亚山"。本书的假名作者静默者约翰尼斯
承认自己达不到信仰者的境界，因此，他在本书中（尤其是后文的三个疑问
中）对信仰者的考察就会令他经常陷入意义的"扭结"之中。只不过，约翰
尼斯所运用的并非完全是伦理阶段者的理性，还有美学阶段的审美力（依照
基尔克果的生平，可猜想约翰尼斯处于美学阶段和伦理阶段之间，而更偏向
美学阶段——毕竟约翰尼斯自称诗人），因此"扭结"的不仅仅是意义，还
有诗意。

然。但是，一个人丧失了理解力和整个有限世界（有限世界是理解力的经纪人）之后，依然能凭借荒谬之力重新得到原来那个完整的有限，这一能力足以让人呆若木鸡。不过我不会因惊骇而否定其价值，相反，我要称之为独一无二的奇迹。人们通常认为，信仰绝非艺术诞生的土壤，它所制造的只能是适合于鄙俗心智的粗粝产品——可真相如何？信仰的辩证法才是最雅致、最非凡的辩证法，它的巍巍高峰我只能在仰望中靠近。我可以做出一个漂亮的鞍马跳，一跃进入无限——事实上，我从小就像走钢丝的艺人一般弯腰躬身，[54] 因此这些杂技对我来讲不算难事。一，二，三，来一个倒立！在存在之域，表演这个动作轻松至极，但下一步我就犯难了，因为在那奇迹之前我只有呆望的份儿。假设亚伯拉罕一边在驴背上晃荡着双腿，一边喃喃自语："反正我已经留不住以撒了，那在家门口献祭以撒和到摩利亚山上有什么区别？"——那么我虽然还会朝他的名字鞠躬七次，朝他的事迹鞠躬七十次，但内心里我已不需要亚伯拉罕。[55] 这绝非亚伯拉罕所为，事实上我能证明，亚伯拉罕再重得以撒时充满欢乐，那是发自内心的喜悦，不需要准备，不需要调整，他在瞬间就再次接受

---

〔54〕 基尔克果经常提及自己生理上的缺陷（驼背跛足）。哥本哈根当地的刊物《海盗》也曾将他描绘为一个驼背鹰钩鼻的男人，在漫画中，他戴高帽，两腿的裤脚不一样长。可笑的是，后来基尔克果的裁缝甚至为了自己的名誉不再为他订制服装。至于基尔克果精神上的"肉中刺"，可参见注释35、58、80、181。

〔55〕《新约·马太福音》（18：21–22）：

那时彼得进前来，对耶稣说："主啊，我弟兄得罪我，我当饶恕他几次呢？到七次可以吗？"耶稣说："我对你说：不是到七次，乃是到七十个七次。"

了有限性和它带来的欢乐。若事实不是如此，那么我们依然可以说亚伯拉罕爱着上帝，但却不能再说他怀有信仰。因为，缺乏信仰的人只能在对上帝的爱中发现自己，而怀着信仰的人则在对上帝的爱中发现上帝。

亚伯拉罕站立在绝崖孤壁之上。他达至目无所见前的最后一阶段，就是无限弃绝。而他确又由此迈步向前，进入了信仰。此时，那可鄙的冷漠和可怜的希望恐怕要争相大放厥词："完全没有必要，何必为将来的事情发愁呢？""谁知道将来怎样？那大概是必须的吧。"——以上都是对信仰的拙劣模仿，它们对信仰的曲解实际上反映了生活中卑劣的因素，而这些因素已经在无限弃绝那里得到了无限的鄙弃。

我无法理解亚伯拉罕。某种程度上，我从他那里学到的只能是惊愕。若有人假设可以经由对该故事的沉思而进入信仰的境界，那他就是在自欺，同时也在试图将上帝骗离信仰的第一重跃迁（即无限弃绝）——或者说，他是妄图从这个悖谬中吮吸世俗的智慧。也许会有那么二三子最终精于此道，这完全可能，特别是在我们这个不愿栖于信仰的时代。信仰将水变为酒，[56] 我们的时代当然更胜一筹，它重新将酒变为水。

依然在信仰中栖息，这岂非最好的选择？人人都力争更进一步，这岂不让人惶惑？当代人并不止步于信仰——这能够从多个方面证明——他们去往何处？去往世俗的智慧、卑劣的算计？去往无穷尽的猥琐与烦闷？还是去往那将人类的高贵性降格为怀疑的一切？止步于信仰、时刻警惕自己由此而沉沦，这难道不值得骄傲？因为，信仰的跃迁必须在荒谬之力的作用下持续不断地做

---

〔56〕　见《新约·约翰福音》2：1–10。

出。可以观察到，在此过程中，个体并没有失去有限性，而是毫发无损地保留了一切。就我而言，描述信仰之跃迁不成问题，但我无法示范给大家看。学游泳的人用绳索将自己悬挂在半空中，借此他可以大致描绘出游泳的状态，但这两件事显然毫不相及。同理，我可以描述信仰的跃迁。若是将我一把推进水里，我也可以煞有介事地游泳（我总不能学水鸟掠岸而过），但我所做出的运动是有限的，而信仰则相反：在做出了无限的跃迁之后它又能重归有限性。能做出信仰之跃迁的人多么幸运！对于这些亲手创造奇迹的人，我的崇敬如滔滔河水。对我来说，做出跃迁的人无关紧要，无论是亚伯拉罕还是亚伯拉罕家中的老仆，无论是哲学教授还是贫穷的女服务生，我只盯着跃迁本身。我可以做到眼睛一眨不眨，以免被我自己或他人蒙骗。无限弃绝的骑士不难辨认，他们步伐勇敢，一往无前。而那佩戴信仰之钻的人则难于辨别，在外表上，他们甚至会接近于中产阶级或非利士人，[57] 而这两种人正是无限弃绝骑士和信仰者所共为鄙视的。

　　根据我有限的经验，必须坦白承认，我没有发现过类似于信仰骑士的例子，但不能据此认为，信仰骑士纯属子虚乌有。为此我努力搜寻多年。人们四处旅行，为的是参观名山大川、珍奇鸟兽和奇风异俗。他们张口结舌地望望这儿，瞧瞧那儿，由狂热渐入麻木，然后便自诩为见多识广者。我对这些完全没有兴味。但是，假如听说某处居住着一位信仰骑士，我必将即刻启程——信仰的奇迹对我有绝对的诱惑。我将步步相随，时时专注，看他到底如何作出那跃迁。假若我的生命尚有余年可残喘，我将把生活一分为二：观看信仰骑士和亲自尝试那跃迁——我将用尽所有的

---

〔57〕 圣经中市侩、无教养者的代名词。

时间去崇拜他。可叹的是，我还没听说过这样的人。但我依然能在想象中描画他的形象，就像近在眼前。也许我是通过熟人介绍认识他的。初次相见，我不禁一把将他推开，然后跳到一旁使劲绞着双手，几乎惊叫出来："我的上帝！莫非是他？真不敢相信！他看起来更像个收税员。"没错，就是这个人。我又稍稍走近一些，观察他的举止，幻想瞥见那来自无限性的微弱却不凡的讯息。也许是异样的目光和神情，也许是一个动作所蕴藏的深邃悲喜，都将由于那与有限性绝然不同的特质而将无限性暴露。可是徒劳！我再将他从头到脚细细打量，说不定会发现一丁点破绽，无限性会从中溢出。还是徒劳！他是彻头彻尾不露痕迹！他的步态透露着一种完全隶属于有限性的兴致勃勃，即使是周日下午穿戴整齐地漫步于弗雷斯堡的小市民也不会有他那样稳健的步伐，他比那些毫无存在感的中产阶级更深地隶属于这个世界。从他身上，你找不到那标注无限弃绝者的不可思议与卓尔不群。这家伙总是乐呵呵的，随时准备凑热闹。无论何时，假如看到他正在掺和着什么，那乐此不疲的专注劲儿就像是个灵魂被此等俗事淹没的市侩。他对这些事儿颇为操心。看他那模样，你会情不自禁地想起那个把灵魂投入到意大利式账簿里的勤恳文书，[58] 对工作中的一切锱铢必较。周日休息时，他赶到教堂，没有神圣的一瞥，没有其他足以暴露他身份的动作，不明真相的人根本无法将他和其他会众区别开。听，开唱圣歌了，那热情充沛的唱腔证明，他拥有一个运转良好的肺。下午，他在树林子里闲荡。一切景色、各色人等

---

〔58〕 在两年后出版的《人生道路诸阶段》中，基尔克果又刻画了一个与此人十分相似的"账房先生"（与基尔克果相似，他也纠结自己年轻时一次逛妓院的经历）——他们的不凡都在于不可通约的精神性。参见"中译者前言"。

都能取悦他：那辆崭新的公共巴士，[59] 热闹的海滩——在海滩街和他偶遇，你会把他当成一个正在四处找乐子的小商贩；他绝非诗人，在他身上并未隐藏任何诗化的不可通约性，所以我的窥探再次落空。黄昏时分他返回家中，就像一个邮递员一般健步如飞。在路上，想到妻子肯定已为他备好一盘新发明的菜肴——也许是烤羊头拌时蔬——他心中乐不可支。假设在路上遇见熟人，他说不定会像餐馆老板一样和他喋喋不休地谈论这道菜，为此不惜陪对方一直到东大门。他实际上一文不名，却坚信妻子已烹好美食待他归来。如果事实果真如此，那看他那副吃相一定会让达官贵人们艳羡，让凡夫俗子们感动，因为他的胃口让以扫都自愧弗如。[60] 如果事实相反呢？他的妻子并没有准备那道菜……好嘛，他仍然能表现出一副志得意满的样子来！假设他又路过一片工地，说不定他又会和路人大谈特谈一番，只需要一会儿工夫一座建筑就在他的计划中拔地而起了。那个路人在离开他时想必会猜测："他肯定是个资本家。"而我们可爱的骑士呢？他也正美滋滋地想着："我可不是吹牛，那事我当然能应付得来。"晚饭后，他会惬意地坐在窗前，俯瞰着他家门口的那片广场，几乎不错过任何东西——窜过排水沟的老鼠，叽叽喳喳的孩童——此刻的他就像一个花季少女一般沉静。可是，他依然不算是天才，而我依然只能徒劳地在他身上搜寻属于天才的不可通约性。看他在薄暮时分抽烟管的样子，你会赌咒说：这家伙一定是个正在打发无聊光阴的干酪店老板。他悠游度日，像个无所用心的局外人；他又精心盘

---

〔59〕　见注释 9。

〔60〕　参见《旧约·创世记》，25：29–34，以扫为了口腹之欲而出让长子权。

算生活中的每一刻，用最好的价格兑换"最值得爱惜的光阴"；[61]他所完成的，事无巨细，皆仰仗荒谬之力。然而，然而！——想到这我就暴躁起来，原因呢？就当是出于嫉妒吧——这个人的确能在每一刻顺利完成无限性的跃迁。他不理会无限弃绝者们对存在的巨大悲悼；他能够洞悉无限性中的福佑，也感受过弃绝最宝贵之物的痛觉。然后，和那些不知更高事物的人一样，他依然能为有限性所诱惑。他对有限性的留恋并非经由紧张严格的强制训练而习得，因为他仍能心无旁骛地安享生存之乐，好似这有限的幸福是最确定之物一般。然而！然而他手边所有现世的因素都只是荒谬之力的新发明。他无限地放弃了一切，却又借荒谬之力重新赢得一切。他不断地进行着无限之跃迁——在精确而平稳的动作之后，毫无悬念地重新赢得有限——他对这奇迹从不怀疑。据说，舞蹈者最高的境界是，在摆出一个事先设计好的造型时，能让观众察觉不出任何刻意为之的痕迹，而是让这造型看起来像是由之前的舞蹈动作所自然达到的一般。我怀疑，没有舞蹈者曾达至此等境界——但那骑士却做到了。芸芸众生沉沦于让人沮丧的生活和世俗的悲喜，他们是那舞蹈的局外人。而无限性的骑士则是一个舞蹈者，他们的舞蹈让人感受到庄严。向上跳跃，然后落地——这样的运动并没有让他们感到不快，他们也绝非勉为其难。然而，他们并不能在落下之时即刻呈现出那个造型，而是有一刹那的颤动——这颤动表明：他们是这世界的异乡人。虽然，根据技巧的优劣这微颤有幅度上的差别，但即使最熟练的无限骑士也无法完全消除之。为了认出他们，我们并不用观察他们在半空的

---

〔61〕 参见《新约·以弗所书》，（5：16）："要爱惜光阴，因为现今的世代邪恶。"

姿态，而只需要留意落地的那一瞬间。因为，以如是的方式落地并在同一瞬间表现得仿似一直在向前行走而从未坠落，以如是的方式将生活中的跳跃表现得仿似如履平地，以如是的方式将真正的步行表现得如此庄严——这是信仰骑士才能做到的事情——也是这世间唯一的奇迹。

该奇迹极易引起误解。因此，我打算用一种特殊的方法来描述它，希望能说明它与现实的相对关系——正是这一关系让一切变得不同。一个少年爱上一个公主，他生活的全部内容都系于这爱情，但这种关系却不可能真正有结果，不可能将理想转化为现实。* 于此，那些苦难之奴、那些俗世泥沼中的青蛙想必会开始聒噪了："这样的爱情除了愚昧别无所是；那个富有的啤酒商遗孀才是更划算的选择。"就让他们在那泥潭子里兀自絮聒吧。无限弃绝的骑士显非此种做派，他不会放弃爱情，也不会放弃这世间的荣光。他不会庸人自扰，他会首先确信，这爱情就是他生活的实质，他的灵魂如此强健而骄傲，决不允许自己举杯消愁。他不是懦夫，并不害怕那爱情潜入他最深沉的秘密和最深邃的思想，甚至紧紧缠绕在自己意识的每一个缝隙之间——于是，若他的爱情成为一种不幸，那他本人也绝无可能幸免。当那爱情刺痛少年的每一根神经，他竟能体会到天佑般的狂喜，而他的灵魂此时肃穆而阴郁，仿佛那饮鸩者正感受着渗入他每滴血液的毒汁——这一

---

* ［约翰尼斯原注］当然，其他的兴趣也能导致弃绝的跃迁，只要那兴趣能让个体倾注他整个生活的现实。我选择坠入情网这一事件来说明跃迁的实质，是因为此兴趣更易理解，不必劳神附加太多注释，而且此兴趣也是所有人都饶有兴味的事情。

刻关乎生存，亦关乎死亡。[62] 在饮尽这爱的情感，且将自己深深卷入其中之后，他并没有丧失尝试与冒险的胆魄。少年彻思自己生活的境遇，召唤那最迅捷的思想——它们如同训练有素的信鸽般听从他的每个指令——而只要他挥动指挥棒，那些思想便瞬间四散而去。当它们带着悲伤的信息纷纷归来，当它们向他报告那彻骨的不可能性时，少年沉默了，他将它们遣散，他孤身一人开始进行那跃迁。如果我说的这些还有些许价值，那这一跃迁就会如其所是地发生。*首先，这位骑士会倾其全力，以便将自己整个生活的内容和现实的意义都凝聚于一个单一的愿望。[63] 如若缺少如此这般的凝聚或曰聚焦，他的灵魂从一开始就会碎裂，从而无法完成跃迁。他或许会谨小慎微，像那些资本家一样，将自己的资本分散于各种投资方式之中，以便失之东隅而收之桑榆——总之，他已不再是一个骑士。其次，我们的骑士应有能力将自己反

---

〔62〕 基尔克果在 22 岁那年曾立下志愿："去寻找我愿意为之生为之死的理念。"参见"索伦·基尔克果年表"。亦可参见法国作家圣埃克苏佩里在《要塞》中的说法："你同意为之而死的东西，也就是你能够为之而生的东西。"

　*〔约翰尼斯原注〕这需要激情。每个无限的跃迁都伴随着激情，而反思则绝无可能产生跃迁。它更像是生活中从不间断的跳跃。而在黑格尔那里，"中介"就如同凯米拉（〔中译按〕希腊神话中的吐火女怪）一般可以平息一切疑点，但其本身却无法解释。激情甚至可以用来作出苏格拉底式的区分：什么是一个人理解的，什么是他不理解的。自然，在进行更纯正的苏格拉底式跃迁——即朝向无知意识的运动——时，情况更是如此。这个时代缺乏激情，而不是反思。据此，我们其实过分执着于由生到死的过程，这当然也是由于，死亡是最明显的跳跃。本人很喜欢一句诗，位于它前面的五六行诗句里，诗人祈愿能过上一种善好而朴素的生活，但结束的一行是这样写的："ein selige Sprung in die Ewigkeit〔一个朝向永恒的天佑之跃〕。"

〔63〕 这是无限跃迁的第一步，相当于基尔克果在后来的"训导性演说"中所说的："心之纯净就是志于一事。"亦可参见注释75。

思的全部结果都凝聚于一个自觉的行动。如若缺少如此这般的凝聚，他的灵魂从一开始就会碎裂，从而无法完成跃迁。他将永远是在俗世中奔忙的差役，而无法进入永恒。因为，每当他快要完成跃迁之时，就会突然发现自己忘带了某样东西而不得不返家。到了下一个瞬间，他又觉得自己可以完成那跃迁，这一想法蛮有道理，但任何想法都无法帮助他进入永恒，而他只能更深地陷入泥沼之中。[64]

于是，这位骑士开始了跃迁，但是什么样的跃迁？他难道要去忘记整件事？这样做也不失为一种凝聚。不！我们的骑士不可能自相矛盾，因为若无其事地遗忘自己整个生活的内容正是一个矛盾。他并不想改变自我，也没觉得这样做有什么了不起。只有低等的心性才会忘记自我并重新做人。在化蛹成蝶之后，蝴蝶会忘记自己曾经是只小毛虫，但如果它又忘记自己是蝴蝶的话，说不定它还能变成一只鱼。更深刻的心性从不忘记自己而变成和别人一样。我们的骑士会铭记一切。但是，记忆不啻为一种痛苦，而通过无限弃绝，他已经与存在达成和解。于是，对公主的爱会升华为永恒之爱的表达，会披上宗教之衣，会羽化为对永恒事物的爱——虽然这种爱拒绝实现，但它仍能让他安心。他借此具有了对自己爱情有效性的永恒意识，这是任何现实所无法夺走的。蠢人和毛头小子们都觉得一切皆有可能，但这实在是大错特错。[65] 从精神层面来讲，没有不可能，但在这个有限世界里，不

---

〔64〕 暗指吹牛大王敏豪生抓着自己的头发将自己救出沼泽的荒诞故事。基尔克果熟悉敏豪生的故事，曾在著作中多次提及。

〔65〕 商品社会最常见的广告词：没有不可能！和所有的广告词一样，这给人一种有害的错觉，但作为这个最不自由的时代机器中的齿轮，我们有时候需要这样的错觉来自慰。

可能的事情何其多哉！通过精神化的表达，骑士可以将不可能转化为可能，但这种精神化表达的实际内容是否弃。一个欲求妄图将他推入现实之域，却在不可能性的滩头搁浅。此后，这一欲求向内在蜿蜒，但这并不是一种迷失，因此也没有被忘却。有时，唤醒记忆的，是他内心欲求的无意识活动；又有时，唤醒记忆的是他自己，因为他太骄傲了，不可能将他生活的全部内容贬低为昙花一现的情愫。他保持着这爱情的青春气息，与它一同成长，且愈发美好。另一方面，他并不需要有限的情境来促成这成长，因为，他进行跃迁的那一刻就已然宣告了公主的离去。他也不需要情欲的刺激，比如看见自己所爱之人时的那种激动，或诸如此类。他甚至不需要从有限的意义上不断进行告别，因为他对公主的记忆隶属于永恒。他清楚地知道，那些要见恋人最后一面并彼此告别的人，其实正期盼着这最后一次，并且在内心已将之当作了真正的最后一次——因为他们转身后就会迅速遁入遗忘之路。他把握住了一个隐秘：即使是爱着别人时，也应当有能力自足。自此，他不再从有限性上关注公主——恰恰是这一点，证明了他已经无限地完成了跃迁。好了，现在是时候去讨论这个问题了：发生在个体身上的跃迁是否彻底？有一个人，他也认为自己完成了跃迁，可是时光流逝，公主方面有了变故：她出嫁了，也就是说，嫁给了一位王子——此人的灵魂瞬间凋谢，失去了弃绝的复原力。[66] 他终于明白：自己没有正确地作出跃迁，因为，一个已无限地弃绝了的人，完全可以栖于自我而不假他求。我们的骑士

---

〔66〕 通常认为，基尔克果是在听闻前女友蕾吉娜新立婚约后才写作此书的——同一事件也是他重写《重复》一书的原因，基尔克果在《重复》中特意向蕾吉娜发送了和解的信号。而上面这段文字所表明的态度显然又有变化，这也许可以表明，《恐惧与战栗》一书写于《重复》之后。

是怎么做的？他没有取消自己的弃绝，他葆有着它，让它如同初刻一般青春四溢，他决不让它溜走，当然这是由于他已无限地完成了跃迁。公主此后之所为已不再能扰动他，只有低等的心性才会将指导自身行为的律令建立在他物或他人之上，如此一来，他们行动的原因就外在于自身。从另一个角度讲，假设与公主恰好趣味相投，那么事情就会有美好的进展。她将申请骑士团的勋位。骑士团的成员不靠投票产生，也就是说，只要有足够的魄力和自信，都可自愿加入，无论是男是女——不带有任何先入为主的歧视，这证明了骑士团的不朽价值。我们的公主也将保持自己爱情的活力与完整性，也能战胜内心的剧痛，虽然她并没有像歌里唱的那般"躺在自己丈夫的身边"。[67] 于是，这两人在永恒的意义上彼此合拍，而如此严丝合缝的 harmonia praestabilita [前定和谐][68] 将必然带来那样一个时刻：在那个时刻，他们将脱离有限性（因为在有限的世界他们必将变老）；在那个时刻，他们的爱将得到最后的表达；在那个时刻，他们所将行之事，恰恰是他们早就应该行的——倘若他们一开始就结合在一起的话。无论是男是女，懂得这些道理的人将不可能上当——只有低劣的心性才整日担心自己会上当。缺乏如此之骄傲的女孩不会领悟真正的爱情，如果她真的如此骄傲，那么，就算用尽世上的阴谋诡计，也不可能骗得了她。

　　在无限弃绝中有安宁与休憩。所有需要它的人，所有不愿贬损自身、将自我变得渺小的人——这是比过于骄傲更严重的错误

---

〔67〕　出自丹麦民间的歌谣。

〔68〕　德国哲学家莱布尼茨用以解释肉体与灵魂相协性的观点，这里指少年与公主的"趣味相投"。

——都可通过训练完成该跃迁，它会让你在痛苦中与存在达成和解。无限弃绝就像那则古老寓言中的衬衫：[69] 它由泪水织就，由泪水染白。然而，这眼泪缝制的衬衫却比钢筋铁骨更坚不可摧。那则寓言的缺点是假设这衬衫可以由别人缝制，而生活的秘密恰恰在于：每个人必亲手缝制它。更值得注意的是，对于缝制这样的衬衫来说，男人的手艺并不一定比女人差。在无限弃绝中有安宁与休憩，也有苦难中的慰藉——当然这是建立在正确完成跃迁的基础之上。仅根据我一己的经验，所遇到的对此的种种误解、笨拙模仿与草率行动就不计其数，足以填满一整本书。人们对精神疑虑重重，但在该跃迁中不可或缺的正是精神，唯有精神才能摆脱 dira necessitas 的任意支配。[70] 反之，"残暴的必然性"介入越多，我们越应怀疑这跃迁的有效性。对于冷淡而不孕的必然性，有人说：那又怎样呢？它总是必然地在场——这就如同认为无人能在实际死去之前体验死亡一样，不过是一种愚钝的唯物论。在当今时代，人们已很少关注纯粹的跃迁。若有个想要学游泳的人这么说："之前的一代又一代人都在学习舞步，看来我正好可以利用这一点，我应该直接从四对方舞[71]学起。"他这话一定会引起旁人的哄笑。然而在精神领域，如此的态度却可以堂而皇之地得到许可。此中的教训该如何总结？我曾想，也许个体需要通过一系列的修炼，才能最终把握住自我。如果有人想要跳过这些修炼，

---

〔69〕 参见 *Papirer* Ⅱ，A 449，在这则民间传说中，一位在十字军东征中遭遇劫持的姑娘在胁迫下缝制了这样一件神奇衬衫。

〔70〕 贺拉斯《歌集》（Ⅲ，24，6）："命运那残暴的必然性。"原文为拉丁语。

〔71〕 也叫四对舞，是一种古雅的欧洲宫廷舞。这种舞蹈源于英国，19世纪时在法国盛行，通常由 8 人一起跳，音乐节奏明快。

那么，即使他生活于最开明的年代也于事无补。[72]

无限弃绝是信仰之前的最后一个阶段，因此，不能完成此跃迁的人肯定不能拥有信仰。只有在无限弃绝中，我自身的永恒有效性才明晰可辨，也只有在无限弃绝之后，我们才有资格奢望通过信仰的力量把握住存在。

现在，让我们把信仰骑士放在上面所描述的情境之中。和其他骑士一样，他也无限地放弃了对爱的希求，虽然这是他生活的全部内容，他也在痛苦中与存在达成了和解。但接下来奇迹出现了，他又做出了进一步的跃迁，比之前的更加精彩。他说道："我仍然相信，借助荒谬之力，借助上帝万能这一事实，我还能得到她。"荒谬并不是理解力有条件辨别的一个特征。它也不同于未必可能、意料之外或无法预料。这位骑士通过弃绝的刹那决然地理解了人们所说的不可能性——他有足够的心智来理解这一点。但是，放弃某物［放弃它在有限中的可能性］之后，它便重新在无限的意义上成为可能；不过，重新接受它［接受占有它的可能性］并不意味着取消之前的放弃；对于俗世的理解力来说，这一情形下的占有并不是一种新的荒谬，因为理解力只能在有限世界有效，而在无限性的领域，它和弃绝前一样是同一个不可能性。[73] 在信仰骑士这厢，一切其实清楚明白：能拯救他的唯有荒谬。他通过信仰紧紧抓住这一点。我们可以说，他在承认不可能性的同时信赖着荒谬。假设他自称虔信，却并没有以灵魂与心灵的全部激情

---

〔72〕 这句话为我们提供了一种解读该书的思路（Hannay 就支持该解读）：亚伯拉罕献子象征着个体为达到更高的自我所必经的"修炼"——比如暂时弃绝伦理。

〔73〕 也就是说，在世俗的理解力看来，信仰骑士所谓的占有实际上未曾发生，它依然是"不可能"，而不是一桩荒谬但成为现实的事。

去认清那不可能性，那他就是在自欺，而他的自称也不具有任何效力——他甚至还没有无限弃绝者走得远。

信仰绝非美学意义上的情感，它更为高级，因为它包含了弃绝；它不是心灵一时兴起的喜好，而是存在的悖谬。一位少女在巨大痛苦面前坚信愿望仍可以实现，这样的确信并不一定是信仰，哪怕她由身为基督徒的父母抚养，哪怕她每天都去找教堂神甫。她的确信充满孩子般的朴素与天真，且能将她的心性提升到一个不可思议的崇高维度。于是，如同惊奇的源泉，她会让存在那有限的力量着迷，能令顽石哭泣。另一方面，只要她愿意，无论在希律王还是彼拉多面前，[74] 她都可以用自己的恳求改变整个世界。她的确信如此惹人宠爱，我们自然可以从她身上学到很多，然而，有一点我们无法从她那儿学到：如何做出跃迁。她的确信并不敢以弃绝之痛的双眼来直视不可能性。

我明白，做出无限弃绝之跃迁需要发自灵魂深处的力量、活力和自由。但我也明白这是可以做到的。让我目瞪口呆、晕头转向的是接下来的一步。在做出无限弃绝的跃迁之后，又凭借荒谬的力量丝毫不差地得到一切并实现所愿，这其中包含着人不能及的伟力，它必然是个奇迹。与瞥见不可能性后依然坚定不移的信仰相比，少女的确信太过轻描淡写，我能认清这一点，但当我想要亲身尝试该跃迁的时候，便近乎昏厥了——就在晕厥的刹那，对信仰的崇拜之情也一发而不可收。就在崇拜之情洋溢的刹那，

---

〔74〕 参见《新约》。《新约》中有多个希律王，最著名的大希律王听说有未来的君主诞生，便下令杀死伯利恒及周边所有两岁以下婴儿。后来出现的两个希律王分别下令处死施洗约翰和门徒雅各。本丢·彼拉多是罗马帝国犹太行省的执政官，曾多次审讯耶稣，最终在仇视耶稣的犹太宗教领袖的压力下处死了耶稣。

巨大的焦虑攥住了我的灵魂：为何要考验上帝？可信仰的跃迁依然是信仰的跃迁——哪怕哲学跳出来扰乱视听，妄图让人们相信它才拥有信仰；哪怕神学叫嚣着要将信仰廉价出售，事实都不会改变。

弃绝并不要求信仰，因为在弃绝中，我得到的是我的永恒意识，而那是一种纯粹哲学上的跃迁。在必要时，我可以冒险一试，可以通过自我训练来达到那种境界。每当某物在有限性的意义上远远离开我时，我就忍饥挨饿来完成这一跃迁。我的永恒意识实为对上帝的爱，对我而言这高于一切。弃绝并不要求信仰，但为了能得到那稍稍高于我的永恒意识的事物，它有时又需要信仰——这是〔另一〕个悖谬。该跃迁常常让人疑惑。据说，在放弃一切的瞬间，我们也需要信仰。更奇怪的是，我们听见某人抱怨自己失去了信仰，然后赶过去查看他们所处的状态时，往往发现：他们仍然还停留在即将做出无限弃绝之跃迁的地点。经由弃绝，我放弃了一切，做出这一跃迁时我不需外力帮助。[75] 倘若无法完成这一跃迁，那只能怪我的懦弱与虚弱，怪我缺乏热忱，怪我没有意识到上天赋予每个人的崇高尊严的重要价值。这尊严会成为自我意识的督察员，甚至比罗马共和国的总监察官更为威武。[76] 该跃迁完全由我自己完成，因此我所赢得的，是我的永恒意识之

---

〔75〕 也许可以这么理解：无限弃绝源自个人的生命体验和个体对自己整个生存全部内容和意义的一种决断，其目的是对注定要到来的苦难命运即个体生存脆弱性的预先的、决然的、一次性的领受。它完全借助人内心的力量完成。

〔76〕 这类似于狄金森（与基尔克果一样喜爱用破折号）的下述诗句（《狄金森名诗精选》，江枫译，太白文艺出版社，1997）："灵魂对于它自己/是威严的伴侣——/是敌人所能派遣的/最难防御的密探——"。

中的自我，是对永恒存在之爱的神圣顺从下的自我。但通过信仰，我不放弃任何事物，相反在信仰之中，我接纳一切——对于有些信仰者尤其如此。他们的信仰之大如同一粒能移动山脉的草籽。[77] 放弃整个现世以便赢得永恒，这需要的是纯粹的人性之勇气。在赢得永恒之后，我不能在永恒之中放弃我既已得到的，因为这是自相矛盾。然而，借助荒谬之力抓住整个现世却需要悖谬而卑微的勇气——这才是信仰的勇气。[78] 经由信仰，亚伯拉罕并未放弃对以撒的所有权，他的信仰让他得到以撒。那个富有的年轻人通过他的弃绝放弃了一切，[79] 但当他做到这一点之后，信仰骑士也许会对他说："借助荒谬之力，你可以重新得到你的财产，相信它吧！"这些话不可能不对这位曾经富有的青年产生强烈的冲击。假如他放弃财产不过是因为他对金钱的厌倦，那么他的弃绝就陷入了尴尬的境地。

现世，有限，仍旧是我们关切的焦点。我能靠自己的力量放弃一切，然后在痛苦中找到宁静与休憩，纵使那恶魔站在我面前，

---

〔77〕 参见《新约·马太福音》（17：20）：

> 耶稣说："是因你们的信心小。我实在告诉你们，你们若有信心像一粒芥菜种，就是对这座山说，'你从这边挪到那边'，它也必挪去，并且你们没有一件不能做的事了。"

〔78〕 试将这一状态与朋霍费尔眼中的信仰相比较。后者认为："只有通过完全彻底地生活在这个世界上，一个人才能学会信仰。人必须放弃每一种把自身造就为某种人物的企图，不论是一位圣徒，还是一个皈依的罪人……我所说的世俗性指的是：以自己的步伐去接受生活，连同生活的一切责任与难题、成功与失败、种种经验与孤立无援。正是在这样一种生活中，我们才完全投入了上帝的怀抱。"参见朋霍费尔《狱中书简》，高师宁译，四川人民出版社，1992。

〔79〕 见注释44。

纵使他比那将恐怖埋进人们心中的秘密社团更骇人，我也将决然牺牲一切——纵使癫狂自身将愚人的戏装举到我眼前并且我对它的危险性心知肚明，我也会毫不犹豫地穿上它。我对上帝的爱必将战胜我世俗的幸福——只要我确认这一点，我的灵魂就不会凋落。在最后一刻，一个人仍能将自己的整个灵魂倾注到对天堂的一瞥之中——这天堂是所有美好赐予的源泉——这一瞥对于所有人都可以理解，它意味着他仍忠于自己的爱。随后，他将泰然穿上戏装——缺少这浪漫精神的人必定已出卖了自己的灵魂，无论他得到的报酬是一个王国还是一点碎银子。单凭自己的力量，我无能从有限性中攫取一分一毫，我的能量都用在了对一切的弃绝上。我可以弃绝公主，无需外人帮助，这不会给我带来任何愠怒，我将在痛苦中找到欢乐、宁静与休憩——但我无法凭一己之力重新得到公主，因为我所有的力量在弃绝之后都已耗尽。而那非凡的信仰骑士呢？因为怀有信仰，他又凭着荒谬之力的帮助重新得到了公主。[80]

　　唉，这跃迁总使我望而却步！每当我试图去尝试它，便感到天旋地转——我不得不退回到弃绝的痛苦之中。我可以悠游于生活之海，但对于那神秘的潜行来说，我的身体却太过沉重。将对存在的抗议不断转化为最美好而确切的融洽感——这样的生存方式我绝对无法做到。我每时每刻都确信，得到公主是无比的荣耀——不这样想的弃绝骑士一定是个骗子，他从未将自己的心志集

---

〔80〕 基尔克果在日记里写道（*Papirer* Ⅳ，A 107）："倘若我有信仰的话，我也许就能和蕾吉娜在一起了。"这则日记标注的日期是 1843 年 5 月 17 日。《恐惧与战栗》《重复》同时出版于 1843 年 10 月 7 日。

中于一个愿望，[81] 也没有在痛苦中维持这愿望的鲜活。当发现这愿望渐渐消退，人们也许会感到安心，因为这意味着刺痛的减轻——有此想法的人绝不是骑士。生而自由的灵魂一定会摒弃这种想法并幡然悔悟，至少他不会继续允许这样的自欺。是啊，抱得公主归该有多棒！只有信仰骑士能得到这样的幸福，只有他是有限性的子嗣，而弃绝骑士不过是个过客、一个异乡人。以此方式赢得公主，在她的日夜陪伴下沉浸于欢乐与幸福之中——必须承认，即使是弃绝骑士也有可能过上这样的生活，虽然他已经明确领受了自己未来幸福的不可能性——借助荒谬之力，每时每刻都欢欣愉快地活着，每时每刻都瞥见达摩克勒斯之剑高悬在爱人的头顶，[82] 却并不因此而去弃绝的痛苦中栖息，而是安享荒谬之下的幸福——这样的生活精彩至极。能这么做的人当然是高人，且是唯一的崇高之人。每思及此，我的灵魂便激动如大海——它从不吝于崇敬任何崇高之物。

若是那些不愿栖止于信仰的同代人理解了生活的可怖之处，且把握住了道勃那句话的真义[83]（道勃曾说，一个荷枪实弹的士

---

〔81〕 对于两人的分手，基尔克果的解释是"弃绝"或"献祭"（见注释35）。而蕾吉娜如何想？2001 年在丹麦出版了一本莫知真伪的《雷吉娜日记选》。她在日记中对分手的解释是：因为受不了基尔克果的忧郁、脾气，受不了他看戏时当众离场的乖戾和在最后一刻拒绝参加她期盼已久的舞会的任性。

〔82〕 源自一则古希腊传说：狄奥尼修斯国王邀他的大臣达摩克勒斯赴宴，命其坐在一柄用马鬃悬挂的利剑之下。

〔83〕 道勃是与基尔克果同时代的神学家，基尔克果曾在日记中评论他著作（*Papirer* Ⅳ, A 92）。荷枪实弹、暴风雨、火药库，这些象征着对生活之真相的认知，有了这些认知，"士兵"头脑中升起的只能是恐惧与战栗，而不会是粉饰太平的"一切皆有可能"。

兵在暴风雨之夜独自守卫火药库时，头脑中一定会升起不同寻常
的思绪）；若是那些不愿栖止于信仰的人都有坚强的灵魂，可以
去领会并且独自承受那梦想的不可能性；若是那些不愿栖止于
信仰的人真的在痛苦中与自我和解并且甘于痛苦；若是那些不
愿栖止于信仰的人又进一步（当然如果前面的那些他都做不到
的话，那他根本不必奢谈信仰）表演了那个奇迹：通过荒谬之
力紧紧抓住了整个存在——那么，我在这里所写下的一切就是对
这一代人的最高颂辞，这一颂辞正源自这个时代中最贫弱的心灵，
因为它只能做出弃绝的跃迁。但是，为何人们不愿栖止于信仰，
为何我们时常听说人们羞于承认自己怀有信仰？真是百思不解。
假设我能完成信仰之跃迁，那么我一定每次都让自己乘豪华马车
回家。[84]

　　情况果真如此吗？那些我所以为的中产阶级或非利士人，那
些我只允许自己以行动而非语言去鄙视的人们，果真不能以貌相
之？奇迹真的隐藏在最意想不到的地方吗？这种可能性当然存在，
因为我们的信仰英雄与他们有着巨大的相似之处，因为我们的信
仰英雄并不是讽刺家或幽默家——而是某种更高的存在。在我们
的时代，反讽与幽默是人们经常聊起的话题，尤其是那些不擅此
道者——实际上，这些人谈起任何话题都头头是道。这两种激

---

〔84〕　原文为"四匹马拉的车"。

情[85]我并不陌生，我对它们的了解比德语辞典或德语—丹麦语对照辞典中所记录的更多。所以，我也了解这两种激情与信仰之激情的本质区别。反讽与幽默同样也反映出自身，因此它们和无限弃绝同属一个领域；它们的复原力都取决于个体对现实的不可通约性。[86]

虽然我非常愿意去尝试，但最后的跃迁（即信仰那悖谬的跃迁）仍让我望而生畏，无论它是一种责任抑或其他。对于该跃迁，一个人作何评论完全凭他本人所愿。无论他是否能达成前后一致的观点，都是他与作为信仰之对象的永恒存在之间的问题。从另一个角度讲，所有人都可以做到的，是无限弃绝的跃迁。在这一点上我不会像懦夫般犹豫不决，我必将果断地进行弃绝。怀有信仰显非我辈所能达到的境界，不过我们必须保证，不能有人将信仰说成是某种较低级的、较轻松的事情——因为事实上，信仰最为崇高，也最为棘手。

一些人对亚伯拉罕的故事有着别样的理解。他们称颂上帝的仁慈，因为上帝重新将以撒赐给了亚伯拉罕，[87] 于是，整个事件

---

〔85〕 指前文所说的"反讽与幽默"。关于反讽，可参看基尔克果的博士论文《论反讽概念——以苏格拉底为主线》。在该论文中，基尔克果称"作为无限、绝对的否定性，反讽是主体性最飘忽不定、最虚弱无力的显示"（《论反讽概念》，汤晨溪译，中国社会科学出版社，2005，"论题"部分）；"反讽是主观性最初的和最抽象的规定。这使我们的视线转向主观性首次出现的那个历史转折点，这样我们就遇到了苏格拉底"（同上，页228）。

〔86〕 "不可通约性"一词最基本的词义为：测量单位（如长度等，有了它们，不同物体才能得到精确测定）的缺失。该词并不意指"无与伦比"。不过基尔克果似乎采用了一个比较奇怪的含义：当两个物体"不可通约"（如个体与现实），就意味着它们严格来讲是不可比较的。在另一些文本中，基尔克果又将该词等同于"不可测量"。

〔87〕 这是犹太文化对亚伯拉罕故事的理解。参见"中译者前言"。

仅仅成了一场考验。一场考验——如此说辞究竟道出了什么？似乎整个事件会急匆匆地过去——一个人骑上飞马，转眼间就到达摩利亚山。[88] 几乎同一瞬间，那只公羊就迅捷地跳进他的视线。这些人忘了亚伯拉罕骑的是一头蹇驴，它只能留下一串串细碎的蹄印，而整个行程花了整整三天。这些人忘了亚伯拉罕需要到处收集木柴，需要捆绑以撒，还得在献祭之前慢慢将刀子磨快。

　　演说家依然大谈亚伯拉罕！他无妨睡到演讲开始前十五分钟，他的听众则无妨睡到演讲结束再醒——因为一切进行得如此和谐，不会有一丝一毫的麻烦事。若听众中有人恰好为失眠所困，他就会在返家后坐在角落里思忖："一切都是在一秒钟之内完事的，你只需再等一分钟，就能顺利地看到公羊，然后考验就结束啦！"假设演说家看到这副情形，我猜他一定会站在失眠者的面前，动用其所有的尊严说道："不幸的人，你怎能让自己的灵魂陷入如此愚蠢的思绪之中，没有任何奇迹，因为整个生活都是一场考验。"这话演说家说得愈动情，他就会愈发来劲，也愈发感到洋洋自得；他额上的青筋因激动而绷紧，而平时在布道台上大谈亚伯拉罕的时候，他却从未感觉到血液的涌动。不过，倘若这个罪人冷静而充满自尊地回答他："但这就是你在上个礼拜日所宣讲的啊！"我们的演说家就会瞬间哑口无言。

　　那么，我们只能有两个选择，要么忘记，忘记有关亚伯拉罕的一切，要么学会惊骇，在那作为他生活之意义的怪谲悖谬面前——这样我们才会明白，我们的时代倘若拥有信仰，它也会变得和所有黄金时代一样灿烂。只要亚伯拉罕不是一个乌有的游魂，

---

〔88〕 将驴换成马，这正是卡夫卡所设想的一个"亚伯拉罕"。参见"中译者前言"。

不是人们用来打发时间的虚夸，那么，错误就不在那个企图效仿亚伯拉罕的罪人身上。问题在于，我们是否敢于直视亚伯拉罕真正的崇高之处，这样才能进一步判断，自己是否有意愿、有勇气去接受同样的考验。演说家的行为中包含着一个喜剧般的矛盾：他自己将亚伯拉罕变得毫无意义，同时却又禁止他人背起与亚伯拉罕一样的重负。

人们能够毫不忌惮地谈论亚伯拉罕吗？我想这可以做到。如若让我来宣讲亚伯拉罕之事，我将首先强调考验中所包含的痛感；我将如水蛭般从这老父忍辱负重的身影中吮吸所有的恐惧、忧伤和折磨，以便有可能把握住那于重重坚忍中仍坚信不疑的心灵。我将提醒听众注意，去往摩利亚山的旅程持续了三天，甚至延续到第四天，是的，这三天半的行程要比隔开我和亚伯拉罕的两千年长得多。接下来，我将宣布：任何人在开始这段行程之前都有权改变主意，都有自由退出考验并立即返家——这么做不会有任何不良后果。我也不忌惮唤起人们想要尝试亚伯拉罕式考验的愿望。但是，倘若有人贩卖亚伯拉罕故事的廉价版本，然后再警告人们不要起而效仿，那就是徒增笑料了。

如今我想做的，是以疑难的形式从亚伯拉罕故事中汲取辩证的因素，[89] 以便审视信仰这怪谲的悖谬：这悖谬能使谋杀变成取悦上帝的神圣仪式，能让以撒重回亚伯拉罕的怀中——没有任何思想能把握它，因为它恰恰开始于思想止步之处。

---

〔89〕不同于黑格尔，基尔克果的辩证法是内心的、主观性的辩证法。因此，与黑格尔高高在上、调和折中的"亦此亦彼"不同，基尔克果之辩证法的核心词汇是不可调和的"非此即彼"；也同样因此，基尔克果的辩证法不可能如黑格尔一般安稳地栖息在不可辩驳的结论之中，它和孤独个体一样，总是充满躁动与困惑。

疑难一

存在对伦理的目的论悬置吗？

伦理整个地隶属于普遍性，作为普遍性它适用于所有人，从另一个角度说就是适用于所有时刻。伦理完全内在性地栖于自身，它非但不会有任何外在的终极目的，而且是外在万物的终极目的所在。一旦被推到伦理的审判台前，谁都不再有任何上诉之机。作为囿于感官与精神的直接性存在，孤独个体必然具有特殊性，[90] 而他在普遍性之下的终极目的（也就是他的伦理任务）就在于，在普遍性中表达自我，并通过废除自我的特殊性来归顺普遍性。倘若孤独个体妄图维护自己的特殊性，那他就是在直接地反对普遍性——这是一种罪过，只有服罪认错才能得到普遍性的谅解。无论何时，只要进入普遍性的辖域，孤独个体想要维护特

---

〔90〕"孤独个体"，基尔克果哲学中的重要概念在本书第一次出现，且将贯彻在此后对亚伯拉罕故事的探讨之中。这一概念不可避免地与"主观性"有天然的联系，因此极易引起强调"客观性"的科学精神的反感。试引基尔克果 4 年后（1847 年）的一则日记来说明他自己对这一概念的认识（《克尔凯戈尔日记选》，前揭，页 101）：

> 人们指责我促成年轻人对主观性的默认。有一阵子也许如此。但是，不强调孤独个体的范畴，又怎能消除种种充当观众角色的客观性的幻影呢？以客观性的名义追求客观性目标已经完全牺牲了个体。这便是事情的症结所在。

殊性的欲求就会成为一种诱惑。[91] 而他若想拯救自我，就必须在悔愧中将这特殊性交由普遍性发落。如果这悔愧后的行为就是人类和其存在状态的最高表达，那么，伦理就和个人的永恒福佑——后者是他的所有来世、所有时刻指向的终极目的——合而为一了。如此一来，说一个人舍弃了终极目的（也即目的论地将其悬置）就是一种矛盾，因为悬置终极目的就等于丧失目的，而悬置一词原本并非意味着丧失，而是意味着对某种更高之物的维护

---

〔91〕 "诱惑"在本书中可代表三个相互区别的概念，它们在丹麦文中都有不同的词汇来表达。当上帝"诱惑"（或引诱）亚伯拉罕，意味着上帝将亚伯拉罕置入了一场考验之中。这考验的是亚伯拉罕抗拒诱惑（Fristelse）的能力。而诱惑则是指某些事物所具有的将人们从自己所认为正确的事情上吸引开的属性——这是诱惑的第一个含义，亦可翻译为"诱惑物"。在上面这段文字中，所谓诱惑（Anfægtelse）则是这样一种状态：某人正经受着引诱，这关系到此人是否能通过考验，从而使其在精神层面具备某种资格。《恐惧与战栗》还比较了后一种诱惑（精神考验意义上的诱惑）的两种完全相反的形式（即诱惑的第二、第三个含义）：其一（就是在上面这段文字中），个体错误地追求某种主观的道德目标，根据黑格尔主义的观点（即，公众道德是道德审判的最高法院），这样的追求注定无法通过考验；其二，在这种诱惑下，所有关乎公众道德意见的申诉都包含着对"真实"的弱化和对"荒谬"的强化，于是，个体可以找到一个主观性意义上的捷径，这捷径直接通往受理道德申诉的绝对法庭——在那里，公众道德降格为某种较低的标准。在亚伯拉罕故事中，三种诱惑都有体现。对亚伯拉罕之考验的意义在于：检验他能否抵抗住诱惑，能否坚守对上帝的绝对忠诚而不是寻求对上帝所命之事的公众化理解——或者更糟，求助于"普遍性"，比如强调自己作为父亲的职责，从而动摇了对上帝的绝对忠诚。也就是说，对诱惑一词的不同理解取决于主体所采取的标准，这标准也许是信仰，也许是伦理，等等。因此在翻译时一般并未区分这三种诱惑（尤其是后两种），而是交由基尔克果的中国读者自行判断——这，也可以当成是一种"诱惑"。

——这更高之物就是终极目的.[92]

如果上述说法确有其据，那么黑格尔在"善与良心"这一论题下的阐述便言之成理了。在那里，黑格尔探讨了仅仅作为孤独个体的人，他将此类人当成"恶的道德形式"，应该以伦理生活的目的论为名义将之废止[93]——也就是说，位于这一境界的人要么身处罪恶之中，要么处在被诱惑状态之下。然而，一旦谈及信仰，黑格尔便误入歧途了.[94] 他的错误在于，没有清晰明确地抗议亚伯拉罕作为信仰之父所享有的崇敬与荣光——按照黑格尔的伦理学，亚伯拉罕应当以谋杀罪交由初级法院审判.[95]

信仰就是一个悖谬。在这悖谬中，孤独个体凌驾于普遍性之上——不过稍加留意就会发现，他高于普遍性的运动需要不断在那跃迁中重复，也就是说，孤独个体先是潜入普遍性之内，再将自己作为一个独特者推到普遍性之上。如果我所描述的并不是信仰，那亚伯拉罕就一无所是，而始终存在、不需更新的信仰也就等于未曾存在过。倘若伦理生活是最高的境界，没有任何人类之境界可以与之相比（除开与之对立的恶），倘若孤独个体完全由普遍性表达，那么，古希腊哲学家所给定的那些范畴及其逻辑上的推论就足够我们使用了——这样的结论本应该使对古希腊哲学有所研究的黑格尔坐立不安。

---

〔92〕 这段说明，对伦理进行目的论式的悬置（即为了更高的目的而舍弃伦理）似乎是不可能的，因为伦理就是最高的目的。

〔93〕 "伦理生活"（汉译本译为"道德"）是黑格尔《法哲学原理》第三部分的标题。"善与良心"则是该书第二部分下属小节的题目。参见商务印书馆，《法哲学原理》，范扬、张企泰译。

〔94〕 详见黑格尔《精神现象学》《宗教哲学讲演录》等作品。

〔95〕 其实在黑格尔的某些早期著作中，亚伯拉罕确实得到了这样的罪名。但这些早期著作出版时间较晚，基尔克果在当时肯定无从看到。

　　常常听到那些喜欢夸夸其谈而从不潜心学习的人絮叨：光芒照彻基督教世界的每个角落，而异教世界却是一片黑暗。这样的说辞不免让人诧怪，因为任何稍有深邃之思的人、任何稍有严肃艺术品位的人都不会否认，他们仍旧在借助永远年轻的希腊人来保持自己的活力。对此，唯一的解释是，或许他们根本不知道自己在说什么，他们只知道，自己总得说点什么。说异教世界中没有信仰并无不妥，前提是你必须对信仰略知一二，否则这话就是毫无意义的空谈。故作高深地阐释存在之全体与信仰之全貌，这似乎轻而易举，而那些算计着靠如此的阐释来获取名誉的人绝不会血本无归，因为布瓦洛说过，"*un sot trouve toujours un plus sot, qui l'admire*"［蠢人都能找到比他更愚蠢的崇拜者］。[96]

　　信仰就是一个悖谬。在这悖谬中，孤独个体的特殊性凌驾于普遍性之上，且在与普遍性的抵牾中证明：它并非普遍性的附庸，而是远高于普遍性——不过稍加留意就会发现，作为特殊性的孤独个体在臣服于普遍性之后，又借助普遍性成为一个特殊的个体，从而进入与绝对的绝对关系之中。这样的状态无法得到居间调解，因所有调解都只能在普遍性的辖域内才有效力，[97] 而这一关系则永远是悖论，并拒绝所有思想的接近。无疑，信仰就是这个悖论。

---

　　［96］　布瓦洛（Nicolas Boileau Despreaux，1636—1711），法国诗人和文论家。公认的古典主义的立法者。上面这句话出自布瓦洛最重要的文艺理论专著《诗的艺术》（*L'art poétique* Ⅰ，232）。

　　［97］　参见本书页47 约翰尼斯原注。在黑格尔哲学中，中介概念表示的是从"绝对理念"过渡到对方的桥梁，是彼此联系的中间环节，它是黑格尔辩证法的合理内核之一。黑格尔利用了德语"中介"一词的双重含义——居间介绍、联系和居间调解、调和，用它来表征对立面之间的同一乃至调解或曰和解。因此，在翻译基尔克果所引用的这个黑格尔哲学的术语时，会根据具体语境有不同的译法。

否则（下面这个推论我希望读者诸君记在心上，这样我就可以偷偷闲，而不必每次都提醒大家）——否则，信仰就会因其始终存在而从未存在，而亚伯拉罕也将一无所是。[98]

事实是，个体可以轻松地将这悖谬当成是一种诱惑，但是他不应该对之一言不发。同样作为事实的是，很多人对悖谬有着天生的反感，然而我们却没有理由将信仰改头换面以博众人欢心。另外，那些真正具备信仰的人应向人们提交一份辨别悖谬与诱惑的规范。

现在，亚伯拉罕的故事就包含着对伦理的目的论式悬置。不难想见，那些思想锐利的智者和思维缜密的学究们可以找到很多类似亚伯拉罕的例子。他们的智慧基于一个辉煌的原则：从根本上讲，万物皆同。然而，只要同意亚伯拉罕代表着信仰，只要同意信仰通过这位老父的一生得以表达——这悖谬最难以感知也最难以思索——那么，他们就不可能在这世上找到任何类似的例子——当然前提是他们要看得稍微仔细点，而不是将一切当作空无。亚伯拉罕凭借荒谬之力而行；正是因为这种力量，作为孤独个体的他才能高于普遍性。这一悖谬无法得到调解，因为一旦他试着去调解，去寻找中介物，他就不得不承认自己面临着诱惑，于是他就不再可能牺牲以撒，于是他将悔愧地返回普遍性的怀抱。凭借荒谬之力他重新得到以撒，因此，亚伯拉罕绝不是悲剧英雄，而是某种绝然不同的人物：一个凶手，或一个信仰者。亚伯拉罕

---

〔98〕 这样的句式在"疑难一"第三段中就出现过，因此基尔克果才说不愿"每次都提醒大家"。因为信仰是悖谬，需借助荒谬之力，所以思想无法理解反而证明了它的实存。而如果人人都觉得信仰"始终存在"，就说明信仰并非荒谬的，也就是说这所谓的信仰并非真正的信仰。

缺少的，是拯救悲剧英雄的中项。[99] 正因为此，我能理解悲剧英雄，却不能理解这位老父，虽然在某种狂乱意义的支配下，我崇拜亚伯拉罕胜过所有的人。

亚伯拉罕与以撒的关系，从伦理上讲很简单：父爱子应当胜过爱自己。而在伦理的范围之内又有不同等级的划分。下面就让我们考量一下，亚伯拉罕故事中是否含有伦理的更高表达，这表达能在伦理之内解释他的所为，并证明他中止对儿子的伦理责任的正当性，而不必跳到伦理的目的之外。

当关系到整个国家的事业受阻，当该事业因上天的冷漠而停滞，当天庭的震怒用突然降临的死寂嘲弄人们的种种努力，当预言家履行他悲哀的职责宣布神明下达的献祭一个少女的命令——接下来，就轮到不得不作出牺牲的父亲和他身上的英雄气概出场了。他高贵地将自己的悲恸隐藏，虽然他曾私下许愿，自己宁愿成为"一个痛哭流涕的卑贱者"，[100] 而不是一个统帅，因为后者必须表现出担当一切的风范。孤身一人时，剧痛搅扰着他的心胸，

---

〔99〕 中项，逻辑学术语。三段论的两个前提中都出现的共同概念，作为小项和大项的中介而将两者联系起来，从而推出结论。如：凡为国舍家者皆为英雄；某人为国而舍家；因此，某人是英雄。这个三段论中的中项为"为国舍家"。而亚伯拉罕作为超越普遍性者当然找不到类似的中介，因此在亚伯拉罕的故事里，三段论成了一个没有前提的、荒谬的结论：亚伯拉罕是英雄。

〔100〕 参见欧里庇得斯（Euripides，前 480？—前 406，古希腊三大悲剧诗人之一）剧作《伊菲革涅亚在奥利斯》（英译本 *Iphigenia in Aulis*，v. 448，in C. Wilster's trans）。在该悲剧中，阿伽门农率领希腊联军出征特洛伊。在狭窄的海港奥利斯，海风突然全部止息。大祭司（预言家）卡尔卡斯称是因为他们触怒了月亮女神阿尔忒弥斯，必须献出统帅阿伽门农的女儿才能平息其愤怒。阿伽门农一开始不愿就范，甚至想要解散军队返回希腊，最终在他的兄弟墨涅拉俄斯等人的劝说下，献出了自己的女儿伊菲革涅亚。舰队也得以顺利通过奥利斯港。基尔克果在此为自由引用。

虽然此时只有三个心腹知悉这个秘密,[101] 但它马上就会成为全国上下尽人皆知的事情——当然，他的人民也将同样知晓他的壮举：为了大家的利益，他甘心献出那个少女，他的儿女，这个可爱而纯洁的女孩。呵，那娇柔的乳房！那甜美的脸庞！那亚麻色的发丝![102] 女儿一定会在自己的父亲面前哭成泪人，但父亲这时会转过脸，然后拔出刀子。当这个消息传到希腊每个血脉久远的家庭之中，所有的少女都会因那正义的激情而脸颊通红。假如被献祭的女儿是个新嫁娘，那么，那名痛失新娘的丈夫非但不会生气，还会因和这桩事情联系到一起而倍感荣耀——毕竟，出嫁后，那个已经牺牲了的少女将更加温顺地听从于他而不是她的父亲。

当那位勇敢的士师，为了挽救处于危难之中的以色列而将上帝和自己系于那同一个承诺之中，当他怀着英雄气概将那位少女的欢欣转化为悲痛，将那心爱女儿的快乐转化为哀伤，可以想见，所有的以色列人将为那处女凋谢的青春而同悲。但是，每个生而自由的男子都会理解耶弗他的决定,[103] 每个内心坚毅的女子都会

---

〔101〕 Menelaus, Calchas, and Ulysses, Iphigenia in Aulis, 前揭, v. 107。

〔102〕 Iphigenia in Aulis, 前揭, v. 687。

〔103〕 参见《旧约·士师记》（11：30 - 40）：

　　耶弗他就向耶和华许愿，说："你若将亚扪人交在我手中，我从亚扪人那里平平安安回来的时候，无论什么人，先从我家门出来迎接我，就必归你，我也必将他献上为燔祭。"于是耶弗他往亚扪人那里去，与他们争战；耶和华将他们交在他手中，他就大大杀败他们，从亚罗珥到米匿，直到亚备勒基拉明，攻取了二十座城。这样，亚扪人就被以色列人制伏了。耶弗他回米斯巴到了自己的家。不料，他女儿拿着鼓跳舞出来迎接他，是他独生的，此外无儿无女。耶弗他看见她，就撕裂衣服，说："哀哉！我的女儿啊，你使我甚是愁苦，叫我作难了，因为我已经

对他心生崇敬，每个以色列的少女都会希望成为他的女儿。假如耶弗他因作出承诺而取得胜利，但却在胜利之后背弃诺言，那这胜利有何意义？它难道不会再次从以色列人手中丧失吗？

当儿子忘记了自己的责任，当整个国家将审判之剑充满信任地交给他的父亲，当法律要求父亲的手对罪人予以惩罚，此时，为父者必须怀着英雄气概忘记那罪人正是自己的儿子。他将高贵地隐藏悲恸，但整个国家不会有一个人，哪怕是一个当儿子的，会不赞颂他的所为。此后每当人们再去介绍罗马法，都会明白，很多人能将罗马法诠释的十分精确，但没人能像布鲁图斯一样将它诠释得如此辉煌。[104]

现在让我们假设另一种情形。阿伽门农的舰队已张满风帆驶向目的地，他却派使者献祭了伊菲革涅亚；耶弗他并未被决定人民命运的诺言所束缚，却仍对女儿说："你的青春只剩短短两周时间了，因为我将把你牺牲"；布鲁图斯有一个正直的儿子，他却命

向耶和华开口许愿，不能挽回。"他女儿回答说："父啊，你既向耶和华开口，就当照你口中所说的向我行，因耶和华已经在仇敌亚扪人身上为你报仇。"又对父亲说："有一件事求你允准：容我去两个月，与同伴在山上，好哀哭我终为处女。"耶弗他说："你去吧！"就容她去两个月。她便和同伴去了，在山上为她终为处女哀哭。两月已满，她回到父亲那里，父亲就照所许的愿向她行了。女儿终身没有亲近男子。此后以色列中有个规矩，每年以色列的女子去为基列人耶弗他的女儿哀哭四天。

[104]　布鲁图斯（Lucius Junius Brutus），罗马转变为共和国后的第一任执政官（他是由罗马民众推选出的，所以文中说"整个国家将审判之剑充满信任地交给他的父亲"），他曾领导罗马人民推翻了塔克文·苏佩布（即《恐惧与战栗》一书题注中哈曼那句话提到的塔克文，参见注释1）。后来塔克文煽动部贵族青年叛乱，其中就有布鲁图斯的两个儿子。布鲁图斯在罗马中心广场将包括自己儿子在内的叛乱者处死，捍卫了罗马的共和制。

令扈从们将其处死——那么，谁会理解他们？作为旁观者的您会作何感想？假设以上三人一致回答说"这是我们正经受的一场考验"，如此回答能让我们更好地理解他们吗？

在那千钧一发之际，阿伽门农、耶弗他和布鲁图斯都英勇地征服了悲伤、放弃了所爱，做出了英雄在此刻当为之事。在这世上，所有高贵的灵魂都会为他们的痛苦掬一捧同情的热泪，为他们的行为洒一片崇敬的泪花。但是在那千钧一发之际，倘若三人在做出那英雄举动之后又说了一句"那不会真的发生"，那么谁会理解他们？倘若他们继续解释说"因为有荒谬的力量，我们相信那不会发生"，那么人们会更好地理解他们吗？谁不知道何为荒谬？但谁又会理解：一个人竟然真的让自己相信荒谬？

悲剧英雄与亚伯拉罕的相异之处十分明显。悲剧英雄站在伦理之内。他对当前阶段伦理的表达，是通过终极目的来实现的，而这终极目的隐藏在更高的伦理表达之中。他将父与子或父与女的伦理关系贬抑为一种情绪，它与伦理生活的理想观念建立了辩证的关系。[105] 此处，对伦理的目的论式悬置不存在任何模糊之处。

而亚伯拉罕则有所不同。在他的行为中，他一股脑地逾越了伦理。他所设定的终极目的在伦理之外，而他凭借这伦理之外的目的悬置了伦理本身。于是，一个人如何能将亚伯拉罕的行为划入到与普遍性的关系之中？除了说亚伯拉罕逾越了普遍性之外，我们还能如何总结亚伯拉罕之所为与普遍性的联系？这行为没有

---

〔105〕 基尔克果虽然批判黑格尔的辩证法，希望建立新的辩证法，但他也偶尔会受之影响。此处的"辩证"，以黑格尔主义的观点可理解为，父亲杀死儿子既违背了伦理又捍卫了（更高的）伦理。

挽救某个国家，没有捍卫整个民族的理念，也不是为了平息神明的愤怒——因为在这件事情上，有理由发怒的不是神明而是亚伯拉罕本人——亚伯拉罕之所为与普遍性毫无瓜葛，它是纯然的私人志向。[106] 另外，悲剧英雄的崇高，是由于他的行为是伦理生活的一种表达；亚伯拉罕的崇高，则是由于他的行为体现了纯粹的私人德性。在亚伯拉罕的生活中，并没有比"父当爱子"更高的伦理表达。从伦理生活的角度去审视，伦理道德完全被排除在亚伯拉罕的故事之外。然而，普遍性不甘退出，它仍秘密地潜藏在以撒的身上，环绕在他的腰腹之间，[107] 以撒随时可以动用那里的力量大吼："别这样做，你会毁掉一切的！"

可是，为何亚伯拉罕仍执意为此？为了上帝，这其实就相当于，为了他自己。为了上帝，是因为上帝要求做这项关于信仰的考验。他为了自己而做此事，目的是回应上帝的这一考验。这个奇妙连结的合理表达，往往存在于下面这句描述之中：这是一个考验，一种诱惑。一种诱惑？但这意味着什么？通常所谓的诱惑，是指某些事物会阻止人们去履行责任。但在此处，诱惑物却是伦理本身，因为伦理有可能阻止亚伯拉罕完成上帝的意志。然而，责任又是什么？在这里，责任就是对上帝意志的表达。

我们应该已经察觉到，为了理解亚伯拉罕，我们需要一个崭

---

〔106〕 约翰尼斯对此还有一个类似的表达："纯粹的私人德性"，这是他将亚伯拉罕"向内翻转"的体现，详见"中译者前言"。

〔107〕 此句意为：从反讽的意义上来说，亚伯拉罕的行为确实与普遍性有所牵连。因为它直接地反抗了"家庭""国家"（亚伯拉罕在这两者之中都要充当"父亲"的角色）这些普遍性的观念。另外，普遍性"潜藏在以撒的身上"也是列维纳斯对亚伯拉罕故事的理解方式。见"附录"之"《恐惧与战栗》究竟说了什么？"（该文汇总了对本书的各种解读方式）。

新的范畴。[108] 异教世界不了解这种与神性建立的联系。悲剧英雄不会进入到与上帝的私密关系之中，对于他们来说，伦理就是神圣的，因此在这神性中的悖论可以在普遍性之内找到中介。

亚伯拉罕无法得到调解，或者可以表述为，他不能言说。"一旦开口，我就是在表达普遍性，若是缄口不语，则无人能理解我。"于是，一旦亚伯拉罕想要在普遍性之内表达自我，他就必须说自己面临着一种诱惑，因为此时已没有更高的表达可以让他无视自己所践踏过的普遍性。

亚伯拉罕唤起了我的崇敬，但同时也让我震惊。那为了责任否定并牺牲自我的人，通过放弃有限而把握了无限——这样的人让大家都感到安心。悲剧英雄放弃确定之物为了那更确定之物——这样的行为能吸引并安抚大家信任的目光。但那个人呢？他放弃普遍性以便把握某种并非在普遍性域内的更高之物，他所做的究竟是什么？除了诱惑还能是别的吗？如果最终证明，个体作出了错误的选择，还有什么能拯救他？他承受了悲剧英雄所有的悲恸，将自己生活中所有的欢乐瞬间化为乌有；他丢下了一切，那一瞬间的抉择将他与自己所万分珍视的欢乐彻底隔断——这欢乐曾是他不计一切代价获取的。旁观者不会了解他，亦不会向他

---

〔108〕 基尔克果此处所谓"崭新的范畴"也许意指"信仰"，而其定义一直到《〈哲学片断〉非学术性的最后附言》中才有所涉及。问题是，那里的信仰根源于一种罪的观念，而这一观念是静默者约翰尼斯在讨论亚伯拉罕问题时所明确排除过的（亚伯拉罕"成为孤独个体并非经由罪愆之路"，参见"疑难三"）。所以，我们不能确定，"信仰"这一范畴能否帮助我们理解亚伯拉罕这个特例。

倾注充满信任的目光。[109] 这位信仰者之所为是如此不可思议，早已超越了常人的想象。假如他已经做出了那事，但事实证明这是个体对神性的误解，那么又有谁能拯救得了他？悲剧英雄需要泪水并且召唤崇拜者们的泪水。是的，也许只有善妒的贫乏者才不会为阿伽门农流泪，但是，谁的灵魂会如此迷乱，以至于冒昧地为亚伯拉罕哭泣呢？悲剧英雄之所为镌刻在时间中一个有限的刹那，但随着时光的推移，他获得了更加宝贵的报偿。他搜寻那些灵魂盛满悲伤的人，那些因窒闷的叹息而无法呼吸的人，那些被因浸润着泪水而愈发沉重的思想所牵绊的人。他出现在那些人面前，奋力打破了痛苦的魔咒和悲惨的束缚——他以自己的剧痛让人们忘记了自己所承受的苦难，因而迸发出解脱的泪水。亚伯拉罕呢？人们不能为他痛哭。人们靠着神圣的惊悸接近亚伯拉罕，

---

〔109〕 假名作者约翰尼斯此处认为，旁观者无法深入信仰骑士的内心。然而，本书中，无论是"调音篇"中的那个无名者还是约翰尼斯本人，在书中都是作为一个旁观者、寻找者出现的——寻找信仰骑士，或者嘲笑同时代人怎样与信仰骑士相差甚远——而似乎从来不深入反观自己的内心。他们直截了当地承认自己没有信仰，却从不探讨为何自己不能达至信仰。他们对信仰骑士之崇高的渲染是否只是在为自己推脱责任呢？可如果是这样，他们对同时代人的讽刺不是成了五十步笑百步了吗？约翰尼斯嘲笑同代人却不嘲笑自己，这似乎是因为他自己至少能认真思考信仰、了解信仰的崇高之处，并且他能做到"无限弃绝"，可他的弃绝除了假设外还体现在哪里呢？从书中看来似乎亚伯拉罕是他最为崇敬或者说最爱的人了，可他非但没有弃绝亚伯拉罕，将他作为杀人犯交给伦理的法庭去审判，反而拼命地为其显而易见的违背伦理的行为辩护。

如同以色列人登临西奈山一般。[110] 还有另一座山，摩利亚山，它崔嵬的峰顶直指云端，远远耸立在底平的奥利斯之上。[111] 那个只身攀上此峰的耄耋老人难道没有可能是个梦游者（此类人可以在深渊之上安稳地踏步）？同一时刻，有人站在山脚下望着他高高的、模糊的身影，因不安而战栗着，谈不上崇敬抑或恐惧，此人甚至不敢向着那身影喊叫——难道那个老者没有可能受到了误导，没有可能犯下了严重的错误？——谢谢！再次感谢！感谢那些人，是他们安慰了在悲惨生活的打击下一无所有的不幸者，是他们用语言的魅力助这些不幸者埋藏了自己的痛楚。谢谢你，崇高的莎士比亚！你有能力说出一切，将一切描述得毫厘毕现——但是，在这最折磨人的事件上你为何噤若寒蝉？莫非你是将它留给了自己，就像你小心翼翼地守护最爱之人的名字，绝不让世人知道一样？[112] 为了表达世人守口如瓶的秘密，诗人赎买了语言的魔力，但代价是，他反而不能表达自己至深的隐秘——诗人并不是传道

---

〔110〕 西奈山，位于西奈半岛中部，海拔 2285 米，是圣经中上帝亲授摩西十诫之处，因此成为基督教的圣山。参见《旧约·出埃及记》（19：16 - 18）：

> 到了第三天早晨，在山上有雷轰、闪电和密云，并且角声甚大，营中的百姓尽都发颤。摩西率领百姓出营迎接神，都站在山下。西奈全山冒烟，因为耶和华在火中降于山上，山的烟气上腾，如烧窑一般，遍山大大地震动。

〔111〕 即阿伽门农牺牲女儿的奥利斯港，参见注释 100。

〔112〕 莎士比亚共作了 154 首十四行诗。题献给一位名字的缩写叫 W. H 的朋友。前面 126 首是为一位美貌的青年男子而作，后面的 26 首为一位黑夫人（darklady）所写，最后两首则咏叹爱情。他为黑夫人所作的那些十四行诗是些相当奇怪的情诗，充满情欲之爱但又不讳言她的缺点。这位黑夫人可能是诗人的情妇，其真实身份至今成疑。

者，他们只能借用魔鬼的力量来驱魔。[113]

而如今，当我们以目的论的形式悬置了伦理，孤独个体又以何种方式存在？他作为对抗普遍性的特殊性而决然地存在。这是否意味着他犯下了罪？因为这就是理想化观念中罪的形式。正像我们不能说孩童有罪一样，因为孩童并未意识到自己的存在，所以并未有意触犯之。用理想化的观念来审视，孩童的存在与罪恶无关，或者说，伦理不会时时对孩童提出要求。如若亚伯拉罕的存在不能以无辜的方式来重新表达的话，那么罪责就必将加之于亚伯拉罕。而亚伯拉罕如何存在？他葆有信仰。正是信仰这一悖谬将他推向巅峰。他无法向他人明示自己所感知的一切，因为这是悖谬：作为孤独个体他将自己置入与绝对的绝对关系之中。可以证明亚伯拉罕的正当性吗？他的正当性仍然体现在那悖谬之中，在那里，需要依靠的是特殊性而非普遍性。

孤独个体如何确认自己是正当的？很简单，将自己的整个存在夷平，然后用国家或社会的观念来考量自我。[114] 如此一来，个体自然就有了中介；如此一来，个体就疏远了那个悖谬（在那个悖谬中，孤独个体取得了高于普遍性的存在形式——我可以借用

---

〔113〕 参见《新约·马可福音》（3：20－22）：

　　耶稣进了一个屋子，众人又聚集，甚至他连吃饭也顾不得吃。耶稣的亲属听见，就出来要拉住他，因为他们说他癫狂了。从耶路撒冷下来的文士说："他是被别西卜附着。"又说："他是靠着鬼王赶鬼。"

〔114〕 此处暗指黑格尔对国家功能的论述。

毕达哥拉斯的一个命题来表达：奇数比偶数更完美[115]）。如果用
我们这个时代的方式去回应那个悖谬，我想我们将得到如下的说
法："应以结果论优劣。"于是，昔日的英雄一朝成为一代人中的
败类，当这位"英雄"意识到自己所处的悖谬无法得到外人理解
时，他也许将无畏地朝他的同代人喊出那句口号："未来将证明我
的价值！"[116] 如今该口号已罕有所闻，因为我们时代的弊病，使
得它很少造就英雄——这倒也有一个好处，它同样很少造就滑稽
者。一旦听见有人说"应以结果论优劣"，我们马上就知道自己正
有幸和谁交谈了。这样的人为数众多，如果给他们起一个通用名
号的话，我建议称之为"讲师"。他们蜗居于自己的思想之中，生
活牢靠而安稳；他们依靠着运转良好的国家，有固定的职位和良
好的发展前景；他们距离生存之剧变有一百年甚至一千年之遥，
因此从不担心此类事体的再次发生——否则，警方与小报恐怕都
会忙作一团。他们的日常事务就是辨别崇高，其辨别的根据就是
最后的结果。如此对待崇高的方式暴露出某种自大与自怜的混合。
自大是由于他们以为自己有资格作出判断，自怜是由于他们感觉
到，自己的生活与崇高的距离何止十万八千里。在接近崇高之物
的时候，稍有 erectior ingenii［高贵心智］的人都不可能变得像他
们一样（他们就像冷漠而黏糊的软体动物）。事实上，就连造物主

---

〔115〕 毕达哥拉斯（Pythagoras，前 572—前 497）古希腊数学家、哲学
家和音乐理论家。他认为数学可以解释世界上的一切事物，对数字痴迷到近
乎崇拜。同时认为一切真理都可以用比例、平方及直角三角形去反映和证
实，譬如主张平方数"4"意味着"公正"，他还认为，奇数代表的有限比偶
数代表的无限更高贵。

〔116〕 1600 年 2 月 6 日，宗教裁判所在罗马鲜花广场将布鲁诺施以火刑，
这位思想家在临终前高呼："火，不能征服我，未来的世界会了解我，知道
我的价值！"

也接受短时期内不会有收效的实践，而我们若想做出某些还算崇高的事情，就必须从一开始不计后果地全情投入。如若人们在临近行动的刹那都以结果来判定自己是否该出发，那么他们恐怕永远不会出发。哪怕结果能取悦整个世界，也不会对英雄有所裨益。因为在一切尘埃落定之后，他才能真正知晓结果如何——倘若如此算计，他绝不会成为英雄。相反，他毅然地采取了行动，这才是英雄之做派。

无论如何，结果论的辩证法（对无限性问题的有限化回答）与英雄的存在方式都不可调和。莫非我们能承认亚伯拉罕这个普遍性中的孤独个体的正当性，仅仅凭着他奇迹般地重新得到以撒的事实？假如以撒真的已经被其父献祭而一命呜呼，那么亚伯拉罕的正当性又会因此而削弱？

正如一本书的最后结论总能引人注目一般，在这一事件中，确实是最终的结果勾起了人们的好奇心。谁会对恐惧、忧愁和悖谬趋之若鹜呢？人们更愿意从美学层面与整个事件的结果调情，它的发生毫无征兆但却毫不费力，就像是中头奖彩票一样。因为得知了结局，人们就觉得颇受启发。用结果论来看待整个故事，如此玷污神圣的行为罪大恶极，即使那些因劫掠教堂而入狱并强制劳动的囚犯也会自愧不如，甚至为了三十个银币而出卖主人的犹大，[117] 在这将崇高公然售卖的商贩之前，也会显得不那么可恶。

---

〔117〕　参见《新约·马太福音》（26：14 – 16）：

当下，十二门徒里有一个称为加略人犹大的，去见祭司长，说："我把他交给你们，你们愿意给我多少钱？"他们就给了他三十块钱。从那时候，他就找机会要把耶稣交给他们。

　　无动于衷地谈论崇高，这有违我的本性；将庄严之物从日常生活中推离，将其形象变得模糊难辨，或者将崇高描绘为不需人力而能自行涌现之事——这必将杀死崇高；因为，倘若说我是崇高的，那绝不能是由于那些碰巧发生在我身上的事情，而是由于我的作为——没有人会将那些中了彩票头奖的人定义为伟人。我会请求出身卑微的人不要看不起自己，不要以为自己只能远远地观看国王的城堡，只能在梦中感受它的壮丽恢弘——如果他们只是不切实际、无动于衷地夸耀那城堡，那么这样的夸耀就是在贬损城堡的壮美。我请求这些所谓的卑微者能对自己多些信心，从而意识到自己身上潜藏的高贵。他不该违背基本的人性，不该恬不知耻地试图触犯所有人——假如他从街上一路狂奔，硬生生冲进国王举办的沙龙，那么这行为更多地损害的是他自己而非国王。反过来讲，他应当热心而沉着地留意所有的礼节，这会让他显得真诚而和善。以上只是一个类比，[118] 是对精神之距离的不完美诠释。我请求每个人都不要轻视自己，不要惧于踏入那上帝之选民曾经居住且仍可享用的宫殿。当然，他不能不知廉耻地贸然闯入，然后向里面的众人宣称自己与他们有血缘关系。他应欢悦地朝着那些人鞠躬，但并不是以一个低声下气的女仆的方式，而是充满着真诚和自信——否则，他就没有必要来到这里。对他有益的，正是伟人们曾体验过的恐惧与忧愁——否则，他们就只能激起他的嫉妒之心（倘若他有些许血气的话）。无论如何，倘若崇高不可触及，倘若崇高只能引起人们空洞的赞美，那么这所谓的崇高就是徒有其名。

　　在这世上，还有人比那蒙恩的女子，比圣母，比处女玛利亚

---

〔118〕　即本段中，将常人与伟人的距离比喻为出身卑贱者与国王的距离。

更崇高吗？大家又如何谈论玛利亚？谈论她所受的恩宠并不能彰显其崇高。据说，倾听者往往很快就会沾染上演讲者那不近人情的思考方式——倘若我们暂时忽略这古怪的事实，那么听到有人谈论圣母，每个年轻的少女恐怕都会问：为何我没有受到同样的恩宠？对此我无言以对。我不会把它当成愚蠢的问题，不会因此而呵斥提问者。抽象地讲，涉及受恩宠的事儿，每个人都应有同等资格。在此，为人所遗漏的仍是忧愁、恐惧与悖谬。我思想的纯粹性并不比任何人差，其实，能够思考这些因素的头脑必定具备纯粹性。[119] 若非如此，可怕的后果早就发生了，因为，将这些因素塞进头脑中的人，注定再也无法摆脱它们。并且，如果你试图侵犯它们，那么，它们强压着的愤怒依然会比十个贪婪的批评家的喧嚷更加吓人——它们一定会将怒火统统撒到你的身上。不错，玛利亚未孕怀子是不可思议之事，但它既然发生在玛利亚初次"月经"之后，[120] 那么也必定伴随着恐惧、忧愁和悖谬。不错，天使是善于疗伤的精神性存在，但他并不是无微不至，他没有环绕在每一个以色列的少女耳畔并告知她们："不要鄙视玛利亚，她身上发生的事情不同寻常。"天使只是来到玛利亚面前，因

---

〔119〕 此处的"纯粹性"当指"心曲初奏"中无限弃绝者将心思系于一念的能力。

〔120〕 此处与撒拉停经后孕育以撒作比较。撒拉的怀孕无疑是绝对的奇迹，但玛利亚则会遭人指摘。参见《旧约·创世记》（18：11 – 14）：

> 亚伯拉罕和撒拉年纪老迈，撒拉的月经已断绝了。撒拉心里暗笑，说："我既已衰败，我主也老迈，岂能有这喜事呢？"耶和华对亚伯拉罕说："撒拉为什么暗笑，说：'我既已年老，果真能生养吗？'耶和华岂有难成的事吗？到了日期，明年这时候，我必回到你这里，撒拉必生一个儿子。"

此，没人能理解玛利亚。还有哪位女性比玛利亚遭受的误解更深吗？上帝对某人的赐福，不是也同样意味着某种天谴吗？这是从精神层面理解玛利亚的方式。她绝不是——就像某些无知而狂妄的人所宣称的那样（类似的说法让我感到愠怒，可是却时有耳闻）——那个身着华美衣饰陪圣婴玩耍的淑女，这形象与她本人相差甚远。尽管如此，当她说"我是主的使女"时，[121] 她立即造就了自己的崇高。对我来说，向少女们解释为何独独玛利亚成了圣母并不困难。她丝毫不需要世人的崇敬，正像亚伯拉罕不需要我们的眼泪——两人都不是什么世俗意义上的英雄，但却比英雄更崇高，他们凭借的并不是对忧愁、剧痛与悖谬的缓解，而是对这些因素的强化。

伟哉！诗人推出一位理应得到世人崇敬的悲剧英雄，然后斗胆说："为他哭泣吧，他值得如此。"这样的崇高的确应赢得人们的泪水。伟哉！诗人将群众置于自己的掌控之下，并训练他们去检验自己是否具备为英雄痛哭的资格——因为假仁假义者的眼泪只会玷污英雄之躯。然而，最崇高的却是信仰骑士，面对那些想要为他痛哭的权贵们，他会阻止道："别为我哭，为你自己而哭悼吧。"

当内心为甜柔的渴望所翻搅，你会跟随它的指引回到那黄金岁月，去看看那救世主曾徜徉过的应允之地。也许，你会遗忘所有的恐惧、忧愁和悖谬。不被误解难道很容易做到吗？那个混迹于人群之中的家伙就是上帝，这种想法难道不可怕吗？坐下来与

---

〔121〕 参见《新约·路加福音》（1：38）：

马利亚说："我是主的使女，情愿照你的话成就在我身上。"

他共进晚餐，这难道不令人惊惧吗？成为他的一名使徒，这难道轻而易举吗？然而，在长达十八个世纪的时间里，最终的结果一直在蒙蔽我们。[122] 这结果导致了一场可鄙的骗局，我们沉沦其中，自欺而欺人。我承认自己不够勇敢，并不希望成为救世主的同代人。然而，我至少不会严厉地审判那些曾被误解的人，也不会苛刻地对待那些自称看到真相的人。

现在，让我们回到亚伯拉罕吧。在结局大白于天下之前只有两种可能：要么承认亚伯拉罕是一个不折不扣的凶手，要么认清我们处在一个高于所有中介的悖谬之中。

因此，亚伯拉罕的故事包含着对伦理的目的论式的悬置。作为孤独个体，他超越了普遍性。这是一个不可调解的悖谬。他陷入悖谬的原因和他如何在悖谬中存在是同样费解的问题。如果这一切并不属实，那么亚伯拉罕就连悲剧英雄都算不上——他只能是个谋杀犯。想要继续称他为信仰之父，继续向那些只重言辞的人谈论他，这实在有欠考虑。悲剧英雄可以凭借自己的力量成为芸芸众生的一员，但信仰骑士却不能如此。当一个人想要成为悲剧英雄，当他踏上那世人皆知的艰难道路时，他还可以聆听很多有益的忠告。然而，一旦踏上通往信仰的羊肠小道，没有人再会给他忠告，因为无人能理解他的境遇。信仰是奇迹，但它并不将

---

〔122〕 本段是前文有关玛利亚的探讨的延伸。玛利亚感孕耶稣一事中蕴含着"恐惧、忧愁和悖谬"，而耶稣以及他的门徒所遭遇的情况有过之而无不及——那些门徒是在没有任何客观证据的情况下认定耶稣为救世主的。但"最终的结果"——即耶稣复活并成为救世主——却让后世人忘记了那些遭遇和悖谬。

任何人排除在外。因为，将整个人类生活联系在一起的是激情，* 而信仰，正是一种激情。

---

　　* ［约翰尼斯原注］某辛曾从纯粹美学的层面下过类似的断语。在那段文字中，通过引用不幸的英王爱德华二世在某特定场合下所说的话，他希望证明：悲痛亦可以借机智来表达自身。作为对照，莱辛又引用了狄德罗的一段文字，那是关于一位农妇的故事和对她的评价，然后莱辛继续道："这不失为一种机智，是来自于农人的机智，只是那多少是情势所迫。在此，我们不必注意个体的尊卑、教育程度或智商高低——这些事实与是否以机智表达疼痛与悲伤毫无关联，因为，激情会重新消除人与人之间的差别……其实，在同样的情势下，几乎所有人都会说出同样的话来。正如农妇的思想其实和女王如出一辙，正如在同一场合，国王之所言换成农夫来讲也无甚差别。"（［中译注］G. E. Lessing, *Auszüge aus den Literatur - Briefen*, 81st letter, in Maltzahn's ed., Vol. Ⅵ, pp. 205 ff. ）

疑难二

是否存在对上帝的绝对责任？

伦理整个地隶属于普遍性，而同样地，它也必归于神性之域。因此可以说，所有的责任根本上都是对上帝的责任。只是，如果有人不愿多作辩解，他大可一言以塞责："我对上帝没有任何义务。"当我们提及上帝时，责任就摇身一变成为对上帝的责任，但我并不能仅仅通过责任就进入与上帝的关系之中。通过责任，我实际上只进入了与我所爱邻人的关系之中。[123] 以此而论，当我说爱上帝是我的责任时，我其实只是在同语反复；因为，"上帝"，从完全抽象的意义上理解，就是神性，而神性其实就是普遍性，或者说就是责任。如此一来，整个人类存在就成了一个如球体般完全封闭的系统，而伦理正构成其界限和顶峰。上帝呢？上帝成了一个模糊到消失不见的点，一个孱弱的思绪，他的力量只体现在伦理之中，而后者填满了整个存在。于是，若某人企图以伦理之外的其他形式去爱上帝的话，他就是在寻求自我放纵，他爱的其实是幻影游魂，这些游魂若有气力开口，一定会对他说："待在你应该属于的地方，我并没有要求你的爱。"若某人企图以伦理之

---

〔123〕 "爱邻如己"，圣经中译为"爱人如己"，一共在圣经中出现过 8 次，《旧约》中唯一一次出现在《旧约·利未记》（19：18）："不可报仇，也不可埋怨你本国的子民，却要爱人如己。"此四字乃圣经中最重要的诫命："因为全律法都包在'爱人如己'这一句话之内了。"（参见《新约·加拉太书》5：14。）

外的其他形式去爱上帝的话，那这样的爱就颇为可疑，就像卢梭
曾提及的那个人一样，他以对异教徒的爱取代了对邻人的爱。[124]

假如上述观点均无问题，假如在人类的生活中，并不存在不
可通约之物，假如所谓的不可通约性仅仅是些吉光片羽，没有产
生任何能被理念之光反映出来的结果的话，那黑格尔就是完全正
确的。[125] 但当他继续谈及信仰，并把亚伯拉罕当成信仰之父的时
候，他就开始出错了。在黑格尔主义哲学中，das Äussere（die
Entäusserung）［外在性］高于 das Innere［内在性］。通常用下面
这个例子来说明该问题：孩子从属于 das Innere，而成年人从属于
das Äussere，这就是为何孩子往往由外在所决定，而成年人由内
在所决定的原因。[126] 与之相较，信仰则是一种悖谬。在信仰中，

---

〔124〕 参见注释 129。卢梭在《爱弥尔》中曾为异教信仰申辩。在另一
部作品《致博蒙书》中，他引述了一个故事：一个琐罗亚斯德教徒因为娶了
一个穆斯林女子而被判死刑。本句或指此故事。

〔125〕 此处的"理念"（Idea）即通常译为"绝对精神"中的"精神"，
是黑格尔最为人所知的概念之一。"绝对精神"指万物最初的原因与内在的
本质，先于自然界与人类社会永恒存在的实在，而世间的一切都不过是绝对
精神的外在表现。

〔126〕 参见黑格尔《逻辑学》（中文版见《逻辑学·〈哲学全书〉第一
部分》，梁志学译，人民出版社，2002，页 260 – 261）：

> 儿童本身的理性最初仅仅是作为内在东西，即作为天赋、天职等等
> 存在的，这种单纯内在的东西对儿童来说同时也是具有单纯外在的东西
> 的形式，即他的父母的意志、他的教师的学识，整个说来，即他周围的
> 理性世界。

又，页 259：

> ［成年］人在外部，即在他的行为里（当然不是在他的单纯肉体的
> 外在性里）是怎样的，他在他的内心也是怎样的；如果他仅仅在内心
> 中，即仅仅在目的、信念中是有德行的、有道德的，而他的外在行为并
> 不与此一致，他的内心生活与外在行为就都是同样空虚不实的。

内在性高于外在性，或者用我们之前打过的一个比方来表达：奇数高于偶数。

于是，在伦理生活的视域下，个体的任务就是剥夺内在性的决定权，而将这一权力交由外在来支配。无论何时何地，只要个体在该任务前退缩，只要他妄想驻留在内在之中，只要他试图保留感觉、情绪等内在性的决定权，他就犯下了一桩罪，或者说正在经历一种诱惑。信仰的悖谬在于，认为有一种与所有外在性不可通约的内在性——需要强调一点（这一点特别容易为人忽视），信仰中的内在性是一种崭新的、不同于孩子所从属的内在性。近来的哲学不想大费周章，因此他们用直接性［直觉］代替"信仰"。[127] 如此一来，我们就很难说信仰是亘古长存之物。这样理解下的信仰将会与某些稀松平常之物相伴，将与感觉、情绪、怪癖、癔症等等归为一类。综上所述，哲学家们立即会下结论说：不该驻足于信仰所在之处。但是，所有这些哲学上对信仰的评断绝无正当性可言。在信仰之前是无限的跃迁。在这跃迁的基础上，个体 nec opinate［出人意料地］凭着荒谬之力才能进入信仰。我完全理解这些步骤，但却绝不能因此宣称自己已有信仰。假设信仰果真是哲学所描述的那一套，那么我们就可以说，苏格拉底早已经远远地超过了信仰，而不是还没有到达信仰。苏格拉底完成

---

〔127〕 参见 *Søren Kierkegaard's Papirer* I，A 237，在那则日记中，基尔克果引用了施莱尔马赫（1768—1843，德国哲学家和新教神学家，他认为，每个人从直觉中，都可以领悟到多层次的、变幻无常的世界和一个统一的、永恒的原则所构成的对照；这个对照使我们认识到绝对的、永恒的神和世界的存在，由此而生出宗教意识；就是说，宗教是一种"绝对依赖感"，是对"无限者的感受与体会"。他对宗教的看法从正反两个方面影响了基尔克果）和黑格尔主义"独断论者"的观点，他们将信仰当作一种可能为"精神之理解力"所吸入的"威力甚强的流质"或"气体"，即一种直接性或曰"直觉"。

了知性上的无限之跃迁，他所谓的"无知"就是一种无限弃绝。[128] 该任务是对人类力量的挑战，虽然今世之人大多对之表示轻蔑。个体只有完成无限弃绝并在这无限性之中耗尽心力，才能抵达信仰开始显现之处。

何谓信仰的悖谬？在这悖谬中，孤独个体僭越了普遍性，将自身（正如一种曾经时兴过的神学观点认为的那样）与普遍性的关系交由他与绝对的关系来决断，而不是将自身与绝对的关系交由他与普遍性的关系来决断。信仰悖谬也可以表达为：存在着对上帝的绝对责任。由于该义务的约束，个体才绝对地将自我与绝对者关联起来。如今，当人们口口声声说，爱上帝是一种责任时，其意义则与此大有出入。因为，倘若这责任是绝对的，那么伦理就降格为一种相对之物。然而，我并不打算据此得出推论，断言伦理是应该被废弃的事物。不过伦理确实得到了一种崭新的表达方式，即悖论式的表达，于是——举例来说——对上帝的爱会导致如下情形：信仰骑士将自己对邻人的爱（从伦理上讲，这是他的责任）表达为某种相反的方式。[129]

若非如此，信仰将无以在存在之中立足，将仅仅成为一种诱惑，而屈从于信仰的亚伯拉罕则一无所是。

---

〔128〕 参见本书页47，约翰尼斯原注。对苏格拉底来说，智慧就意味着"知晓自己的无知"。在基尔克果看来，这是一种知性上的"无限弃绝"，它当然低于信仰之跃迁。但如果根据近代哲学将信仰归为直接性的直觉的观点，那么苏格拉底反思之后的跃迁显然要高于这种所谓的"信仰"。"疑难三"的最后，对苏格拉底的跃迁又有更深入的讨论，可参考。

〔129〕 类似于"疑难二"第一自然段末尾所提及的卢梭所说的那个人对伦理的理解。他和这里的信仰骑士都将伦理做了悖论式的表达，将爱邻人转换为爱陌生人，将伦理之爱上升为无差别的神性之爱（这让中国读者联想到儒家之爱与墨家之爱的差别）。

　　这一悖谬不允许任何调解。它就栖息于孤独个体仅仅作为孤独个体的存在之上。一旦个体希望表达自己在普遍性中的绝对责任，他早晚会幡然醒悟：自己处在一场诱惑之中。于是，纵使信仰骑士抵挡住了这一诱惑，也不意味着他已履行了那所谓的绝对责任，而若是他屈从于诱惑，他就陷入罪愆之中，纵使他那 realiter［独立于他的倾向、意愿和心情］的行为是所谓的绝对责任。那么，亚伯拉罕该何去何从？若是他想要对别人说"在这世界上，我爱以撒爱得最深，所以，我牺牲他是如此艰难"，那么听者一定会摇着头回答道："那你为何要牺牲他？"或者，假如听者是个洞察力敏锐的人，那他恐怕已凭这句话将亚伯拉罕看穿：这位老人的行为玷污且违逆了他自己的情感。

　　在亚伯拉罕故事中，我们发现的就是这个悖谬。从伦理上讲，他与以撒的关系就是，父当爱其子。但这一关系却降格成了与上帝之绝对关系的障碍。面对这一切，如果我们问为什么的话，那除了说"这是一场考验和一种诱惑"之外，亚伯拉罕想不到其他的回答，而这考验或诱惑，正如上文所说的，将上帝与亚伯拉罕连接成了一个休戚相关的整体，为自己，也是为了上帝——然而在我们的日常语言中，这两者（为自己和为上帝）却不可能一致。比如，当听说有人做了某件为普遍性所不容的事情时，我们会说"他可不是为了上帝才那么做的"，意为，他做那事完全出于一己的欲望。[130]于是我才说，信仰之悖谬已丧失了所有中介，就是说，丧失了普遍性。一方面，它包含着极端自我中心式的表达；而另一方面则是最

---

〔130〕　也就是说，通常人们将"为了上帝"理解为普遍性，与"为了自己"相对应。参见"疑难二"第一自然段。

绝对的自我献身（为了上帝）。[131] 信仰与普遍性之间没有中介，否则的话信仰就将消解。信仰是悖谬，孤独个体在其中无法得到外人的理解。也许有人会假设，孤独个体也许可以找到知己，比方说另外一个处在类似境况下的个体——此观点的出现不难想象，因为在如今这个时代，人们都在各显神通地企图悄悄溜进崇高者的行列。[132] 一位信仰骑士的确无法对他人有所帮助——因此，只存在如下两种非此即彼的情形：其一，孤独个体自己背上悖谬的重负而成为信仰骑士；其二，孤独个体从没有成为信仰骑士。在当前所探讨的话题里，合作的概念绝对不可思议。对于隐藏在牺牲以撒一事背后的真相，如果有更恰切的解释，也只能通过个体自身去领悟。假设一个人竟能借助精确的普遍性术语来理解以撒一事（这将是最荒谬的自相矛盾，因为孤独个体应该决然地站在普遍性之外，在此情况下，在他表现出明显的对抗普遍性的行为后，却仍被划入了普

---

〔131〕 "为普遍性所不容的事情"，我们首先想到的就是"犯罪"（虽然绝不仅仅是犯罪）。所以，基尔克果才以亚伯拉罕杀子一事来作为讨论的背景。就在 2012 世界末日前的那个周末，中美两国几乎同时发生了两起类似的案件（分别发生在中国的光山县和美国的纽敦镇）：有人对无辜的小学生肆意行凶并造成大量伤亡。此事当然是"极端自我中心"的。不过，倘若行凶者宣称如此所为是受了上帝的启示，它是否就包含了某种绝对的"自我献身"？根据基尔克果在"心曲初奏"中对无限弃绝的描述（也可参见注释63），答案应该是否定的。亚伯拉罕奉献以撒，而那两个行凶人杀害的是与他们无亲无故的孩子。虽然美国校园枪击案中的凶手也打死了自己的母亲，但他这么做也许更多地是出于憎恨——不过，如果他是出于爱呢？出于爱而做了完全相反的谋杀，并称是上帝的指示——这又如何与亚伯拉罕区别开来？假设出于信仰之悖谬中的亚伯拉罕的确与这位凶手不同，那至少他们两位同样难以为世俗所理解。参见"中译者前言"。对于"献祭以撒"，也可以作神秘主义的解读，参见"附录"之"《恐惧与战栗》究竟说了什么？"。

〔132〕 意即，人们都在投机取巧，因此像"孤独个体也许可以找到知己"这样投机的观点就必然出现——人们就可以凭着对崇高者的"理解"而变得和崇高者"一样"（境况只需类似即可，不一定非要经历那样的悖谬）。

遍性的范畴之中），个体将仍无法在他人那里证明这一理解的正确性。因为，孤独个体只能经由自身来验明真理。如果一个懦弱而卑贱的人希望依赖他人的重负而使自己成为信仰骑士，这希望注定会落空。只有孤独个体才能胜任该任务，只有成为孤独个体才能成就信仰骑士——这就是他们的崇高之处，这是我完全领会，但却无法加入其中的伟业——我缺乏勇气。同样，我也没有体验过骑士们心中的恐怖，虽然我甚至能更好地理解这一点。

众所周知，有关对上帝的绝对责任，《路加福音》（14：26）中有一段让人过目不忘的文字："人到我这里来，若不恨自己的父母、妻子、儿女、弟兄、姐妹和自己的性命，就不能作我的门徒。"[133] 这是一条艰难的教义，谁敢真正倾听它？千百年来，人们在它面前都成了失聪者，这样的听而不闻是一种虚无软弱的逃避。神学院的学生知道这话在《新约》中出现过，但参考了一两部解经学著作后，学生会认为：在此处和圣经的其他段落都出现过的 misein［恨］一词，是以一种 per meiosin［弱化的方式］来使用的，其意义分别是：minus diligo［不是特别爱］，posthabeo［不优先考虑］，non colo［不偏袒］，nihil facio［不重视］。然而，这些词汇所出现的文本却并不支持如此优雅的诠释。就在我们所引用的这段话接下来的几个诗节中，耶稣讲述了一个小故事。[134] 故事中的人计划建造一座塔。在建造之前，他应该首先估量自己

---

〔133〕 据基尔克果引文和圣经原文。圣经中译文中，"恨"译为"爱我胜过爱"。

〔134〕 这个故事与基尔克果前面引用的话只隔一小节。参见《新约·路加福音》（14：28－30）：

> 你们哪一个要盖一座楼，不先坐下算计花费，能盖成不能呢？恐怕安了地基，不能成功，看见的人都笑话他，说："这个人开了工，却不能完工。"

的能力所及，以免失败后成为人们耻笑的对象。这个小故事和上面那段话离得如此之近，这似乎是表明，那个词一定是在传达一种最骇人的意义，以便让每个人在建塔前自量其力。

那个发明了上述优雅诠释的解经家貌似虔诚，实则满脑袋空想。假如他希望以讨价还价的精明方式将基督教偷偷夹带到这个世界，[135] 假如他成功地从语法上、语言学上并通过 kata analogian［推论］说服了某人，让那人相信这才是那段文字的真实含义，那么，他也许会得寸进尺，企图让那人相信，基督教是这世上最可怜的事物。因为按照他的推理，那条看似真情流露辞坚意决的教义实则空洞无物，它不过是徒有其表的夸饰，不过是在劝人们更不仁不义些，更散漫无心些，更冷漠无情些。于是，这条本来想要传达某种骇人之事的教义，最终却成了含糊的谵语——这样的教义值得我们去相信吗？

事实上，这教义异常严酷。但我觉得，我们仍然可以理解它，而不必非得有勇气遵照执行。承认自己只能到此为止，承认其崇高，虽然自己缺乏同样的勇气，这样的态度也十分真诚。能够做到这一点的人，就不必羞于去分享那个美好的故事，因为故事本身就包含着慰藉，对缺乏勇气建造高塔者的慰藉。但是，他必须诚实，不能将缺乏勇气当成一种谦卑——因为信仰的勇气才是一种谦卑，而缺乏勇气实际上是一种自傲。[136]

---

〔135〕 将"恨"弱化为"不是特别爱"，就是以讨价还价的方式理解经文。

〔136〕 这一段的意思在"心曲初奏"中也出现过，可能是静默者约翰尼斯本人所达到的境界。之所以说信仰的勇气是一种谦卑，是因为信仰骑士不执着于自己之所有——这是敢于放弃的谦卑（当然无限弃绝者也能做到这一点）。另外，下一段中"必须从字面上理解"似乎否定了对献祭以撒的寓言式或神秘主义视角的解读。

现在读者诸君应当欣然领悟，那段文字如果不是毫无意义的空话，就必须从字面上理解。上帝要求绝对的爱。若有人要求别人的爱，并认为只有对所有其他事物的冷漠才能证明其爱的真实性，那这人一定是个头脑简单的自我中心主义者。若有人要求如此的爱，那他同时也预告了自己随时可到来的死期，因他已将自己完全系于对爱的渴望这根细线之上。若是做丈夫的要求妻子离开父母，并将她不合孝道的冷漠、懈怠当成是对自己特别的爱的明证，那么他一定是傻瓜之中的傻瓜。只要对爱情有些微的理解，他就应该乐于发现，自己的妻子同时也是个好女儿和好姐妹。因为与此同时，她爱他胜过所有人。于是我们看到，在解经家的蛊惑下，人们竟会从充满神性的高尚教义中寻求那些自我中心主义的愚蠢观点。

然而，究竟应该如何去"恨"？在这个问题上，我不会采用人类对于爱与恨的区分，这并非因为我对之抱有敌意（此种区分方法毕竟饱含着情感），而是因为，此种区分方法的自我中心原则不适合这条教义。但另一方面，如果我将这条教义中的要求看成是一个悖论，那么可以说我已经理解了它，也就是说，我对它的理解不多于也不少于人们对一个悖论所能有的理解程度。绝对的责任会引发伦理所禁止的事情，但却不会令信仰骑士与爱绝缘。这个道理，亚伯拉罕的故事就能佐证。在亚伯拉罕准备好奉献以撒之时，对其行为的伦理表达为：他恨以撒。但是，如若他真的憎恨以撒，上帝一定不会要求他献祭以撒——他自己必定也明白这一点。亚伯拉罕与该隐大有不同。[137] 他以全部灵魂爱着以撒。当

---

〔137〕　该隐的故事参见《旧约·创世记》第 4、5 章。该隐是亚当、夏娃的长子，他杀死亲兄弟亚伯是出于嫉妒，因为上帝喜欢后者的祭品，而不喜欢他的。

上帝向他索要以撒的时候，他对以撒的爱必须有增无减——只有如此，才能说他牺牲了以撒。正是有深爱以撒作为深爱上帝的悖谬式的对立面，亚伯拉罕的行为才称得上是一种牺牲或献祭。从人性的角度考虑，这一悖谬中充满着困厄与苦闷，其原因在于，作为当事人的亚伯拉罕无法让自己理解这一切。当他的所为与他的情感产生绝对冲突的那一瞬，他才真正地献祭了以撒。但他的行为依然真真切切地发生在普遍性的辖域内，而在那里，他是并且始终是一个杀人凶手。

此外，我们当如是把握《路加福音》中的这段话：信仰骑士并没有可以拯救他的、高于普遍性（也即是伦理）的表达。让我们假想，教会要求某个教徒做出牺牲，那我们得到的将是一个悲剧英雄。从性质上讲，教会的意志就相当于国家的意志，因为个体完全可以经由公共的中介进入前者的辖域，至于那些已经进入悖谬之中的个体，他们与教会的理念相隔万里。当然，他们也无法跳出那悖谬，而必须在其中找寻自己的福音，抑或天谴。而教会英雄呢？他们在自己的事迹中表现普遍性，因此教会中所有的人甚至他的父母都将理解他。[138] 但他不是信仰骑士，他与亚伯拉罕有着不同的视野，他不会将自己的处境说成是一场考验或一种诱惑。

人们对《路加福音》中的这段话视而不见。也许存在着一种对自由的恐惧，也许人们害怕，当个体真正畅快地呼吸属于个体的空气时，最糟糕的事情就将发生。而且，人们还认为，作为个

---

〔138〕 因为是教会英雄，所以他做的事一定最终为了教会的利益，为了教会的利益也许就有可能损害家庭伦理。基尔克果在"他的父母"前用了一个"甚至"，因为相对于教会成员，父母理解教会英雄稍微困难一些，但中介毕竟存在，更高的伦理目的会让父母释然。

体生活是最最轻易的生活方式，个体的任务是想方设法使自己融入普遍性。因为同一个理由，我对上面这些惧怕和看法不敢苟同。只要你真正尝试着作为个体而存在，你就会明白那是最骇人的存在方式，就会毫不讳言地将之作为最崇高的方式。然而，对它的赞扬不能成为一种引诱，不能让那些生活散漫者蠢蠢欲动。相反，你应当帮助他们融入普遍性，与此同时你也可以顺便博取一些对崇高者的赞许。不敢提及这段文字的人同样不敢提及亚伯拉罕，他们将个体存在当成轻松之事，这包含着某种藏着掖着的洋洋自得。[139] 真正自爱、真正顾惜灵魂的人都明了这一事实，在这世上，处于自我监管之下的人，往往比那些深居闺房的少女更加克己，也更加隐忍。我们明白，有些人的确需要外在的强制，如果没有束缚，他们会在自我放纵中沉沦，如同脱缰的野兽。然而，那些懂得恐惧与战栗[140]并能与之促膝谈心的人显非此类。出于对崇高的敬重，那些人必须开口说话，以免崇高渐渐沉入忘乡——假如任那些不懂崇高也不懂其骇人之处（其实，不懂得其中的骇人之处，就一定不懂得真正的崇高）的人信口开河，这遗忘就必将来临。

现在，让我们进一步靠近那信仰之悖谬中的困厄与恐惧吧。悲剧英雄放弃自己以便表达普遍性；信仰骑士放弃普遍性以便成为特殊性。如前所述，这完全取决于人的具体处境。认为作为个体而生存稀松平常，持此观点者定非信仰骑士，信仰者也不是那些掉队的士兵和四处浪游的才子。与上面的观点相反，信仰的骑

---

〔139〕　因为这些人认为"融入普遍性"才更加艰难，而自己已经成功做到了。

〔140〕　题目"恐惧与战栗"第二次在文中出现。在"绪"中第一次出现时是形容亚伯拉罕，此处形容的则是那些以孤独个体方式生存的人。

士深知普遍性的荣耀，他知道，那些将自己由特殊性中挣脱从而融入普遍性的人，会让大家感到亲切而美好——他们可以说是将自己升级成了一个更明晰优雅更纯洁无瑕的存在，这一存在对一切人开放。他更知道，身处普遍性之中，让自己成为人人可以理解的，这样的境遇一定充满欢欣——这样的人不仅理解了普遍性，也能让所有人通过理解他而理解普遍性，并且感受到普遍性护佑下的喜悦。信仰骑士懂得那美妙之处：作为特殊性来到这个世界，却以普遍性为家，在它甜美的荫庇下栖息。无论是谁，只要愿意在普遍性中安家，那普遍性总是毫不犹豫地张开欢迎的双臂。但是信仰骑士不曾忘记，在更高处，有一个狭窄而陡峭的偏僻小道。他明白在普遍性之外孤单地生活有多可怕，他明白在那小道上不会遇见哪怕一名同路的旅人。他清楚地明白自己身在何处，自己与他人的关系如何。用常人的眼光来看，他已几近神智错乱并不可理喻。而"神智错乱"其实对他来说已经是一个比较温和的表达了。假如他对此境遇不自知，那么他就是一个伪善者——他所攀爬的小道越高，他心中的伪善也就越无可救药。[141]

信仰骑士懂得，让自己屈从于普遍性需要勇气，并对人有巨大的激励作用，但这一行为本质上是安全无虞的，因为它朝向普遍性。他懂得，让每一颗高贵的心灵理解自己有多么光荣，在这一过程中，即使是那些旁观者也会分享其中的荣耀。他懂得这些，他已听见启程的鼓声，他希望自己此行的任务就是完成这一切。没错，亚伯拉罕一定也祈愿过，祈愿自己的使命就是做一个称职的父亲，履行对以撒的爱——这不难得到他人的理解，也将为后

---

〔141〕 倘若不明白普遍性的美好，倘若不明白孤独个体所承载的恐惧，那选择作为个体而生存的人就要么是虚妄的，要么另有所图。

人所记忆；他一定祈愿过，祈愿自己的使命就是为了普遍性而牺牲以撒，以便激发更多父亲去从事光荣的事业——可是，停下吧！一个念头最终止住了这无谓的想象，让亚伯拉罕陷入惊骇：以上的祈愿对他来说只是一种诱惑，他必须抗拒它。他踏上的是一条孤寂的小道，在那里他没有为普遍性贡献过一砖一瓦，而是不断受到考验，不断自我挣扎。或者我们可以问一句，亚伯拉罕为普遍性做了什么？让我们更为人道地说吧，真正符合人道地说！亚伯拉罕花了70年的时间才最终老来得子。而其他人呢？他们得到的如此迅速，因此早就在安享亚伯拉罕花了70年才享受到的欢欣。为什么事情如此发展？因为亚伯拉罕正在经历考验和磨难。这难道不是一种痴狂吗？但亚伯拉罕相信这一切，只有撒拉曾动摇过，因此她要求他纳夏甲为妾——虽然他最后又赶走了夏甲。[142] 他得到了以撒，却再次经受磨难。他知道，表现普遍性万分荣耀，和以撒生活在一起万分荣耀。但亚伯拉罕的使命不在于此。牺牲自己如此珍视的儿子而维护普遍性，这将是君王般的行为，亚伯拉罕明了此理，也能从此中找到宁静与休憩，所有人都能在对此事迹的赞颂中找到栖息地，就像辅音在"宁静"一词的元音荫庇下栖息一样，[143] 但亚伯拉罕的使命不在于此——他正面临考验。那位以"延宕者"闻名的罗马将军靠拖延战术拖垮了敌

---

〔142〕　参见注释 15 和注释 27。

〔143〕　在希伯来语中，微弱的辅音（如 j 和 v）会因为前面的元音而几乎不发音。参见 *Søren Kierkegaard's Papirer* Ⅱ，A 406。

军,[144] 而亚伯拉罕又是一位怎样的延宕者？但后者的所作所为并没有拯救整个国家。难道这就是 130 年努力的成果?[145] 谁能接受这样的结局？亚伯拉罕的同代人——如果可以找到他们——肯定会说："对于亚伯拉罕而言，这是个永恒的延宕；当他最终如愿得到一个儿子——这经历了漫长的等待——便要立即将之献祭。他难道没有被逼疯？如果他站出来解释自己的所为，难道他只能轻描淡写地说，那是一场'考验'？"亚伯拉罕当然不会作出更多的解释，他的生活就像一本为神性所私藏的书，永远不会成为 publici juris［公共财产］。

一切麻烦由此而生。看不到这些的人肯定不能成为信仰骑士；看到这些的人必然会发现下述事实：与信仰骑士那缓慢到近乎匍匐的姿态相比，即使是最历经苦难的悲剧英雄，也有着舞者一般轻盈的步伐。对此心知肚明之后，他会感到自己缺乏理解该事实的勇气，但至少他懂得了骑士们辉煌的荣耀，那是他们凭借成为上帝的心腹、天主的朋友所获得的——从人道的角度讲——尤其是他们可以对天堂中的上帝以"你"相称时所获得的，而同时，悲剧英雄们只能以第三人称来提及上帝。

悲剧英雄很快便完成了一切，他的挣扎也终将告一段落，他做出了无限的跃迁并在普遍性中寻得庇佑。但信仰骑士要时刻保持警惕，他处在持续的考验之中，随时可以幡然悔悟并转身返回

---

〔144〕 昆图斯·费边·马克西姆斯（quintus Fabius Maximus，约前 280 年至前 203 年），又译法比乌斯，绰号"延误者"（Cunctator）或"疣"（Verrucosus），古罗马政治家、将军。费边因为在第二次布匿战争中坚持以不正面作战的拖延战略抵抗汉尼拔，并最终成功地率领罗马走出坎尼会战惨败阴影，扭转乾坤击倒迦太基而留名。

〔145〕 参见注释 35。

普遍性——这样的可能性既包含着诱惑又包含着真理。至于它到底是哪一个，信仰骑士不能询问任何人——因为提出此问题就意味着他跌落到了悖谬之外。

因此，首先且首要的是，信仰骑士的内心应该充满激情，它可以将他所冒犯的整个伦理生活系于一事之上；[146] 他可以凭此确认，自己真的以整个灵魂爱着以撒。*若非如此，他就是正在经历诱惑。[147] 其次，信仰骑士的内心应该满溢着激情，它可以唤起那完好无损的确定性，这样的确定性他只在最初那眨眼般短暂而又不可怀疑的时刻感到过。[148] 如果做不到这一点，那他就还没有入门，因为他不得不一次又一次地重新回到努力的起点。悲剧英雄

——————

〔146〕　此所谓"一事"就是信仰骑士最热爱的有限性之物，如亚伯拉罕对以撒的父爱。参见注释75。

*【约翰尼斯原注】我想再次强调，在面临冲突之时，悲剧英雄和信仰骑士的不同表现。悲剧英雄明白，要确认自己［对儿子、女儿等等］的伦理义务完整地存于自身，就应该将这义务转化为某种愿望。于是阿伽门农可以说：我能证明，我并没有违背自己为父的义务，因为我［对伊菲革涅亚］的责任是我唯一的愿望。在这儿，愿望和责任相伴相随。若在生活中，我的愿望与我的责任一致，那我就是受到了命运的眷顾，反之就是命运之神在诅咒我。大多数人生活的使命就是不偏不倚地履行自己的义务，并且用他们的热忱将之转换为愿望。然而，悲剧英雄必须放弃自己的愿望，这为的是实现自己的责任（［译注］此处的责任为高于父子、父女关系的责任，比如对国家的责任）。而对信仰骑士来说，愿望和责任也是同一的，但他却必须一下子将两者全部放弃。所以，当他在弃绝中放弃了自己的愿望后，他的内心不会安宁——因为那愿望同时也是他的责任［但他却将之放弃］。假设他坚守自己的义务并保持着自己的愿望，他肯定不能成为信仰骑士。绝对的责任要求他放弃［自己的责任同时也是他的愿望］。悲剧英雄表现了更高的责任，但却表现不了绝对责任。

〔147〕　此处的"诱惑"是站在普遍性的立场说的，也就是说，若不是全心地爱着以撒，亚伯拉罕就应该抵御献祭他的诱惑而回归普遍性。参见注释91。

〔148〕　也就是亚伯拉罕在经过漫长等待而老来得子时所感受到的确定性。

呢？他也能做到将自己的精力集中于一件事上，也就是他以目的论为由而冒犯的伦理。但他马上能通过此事而重新回到普遍性的怀抱。信仰骑士只能依赖自己，这造成了一切苦难。大多数人对伦理义务的强烈意识每次仅能持续一天，此后，他们再也无法让自己达到那样的热情与专注。而在某种意义上，悲剧英雄则能凭借普遍性之力实现持久的专注。但信仰骑士呢？他总是那么形只影单。悲剧英雄毅然而行，随后在普遍性中得以休憩，信仰骑士则始终紧绷着心弦。阿伽门农放弃了伊菲革涅亚，在普遍性中求得内心安静，最后大义凛然地将女儿献祭出去。如若阿伽门农没有完成这一跃迁，如果在那千钧一发之际他丧失了热情与专注，如果他的灵魂突然开始絮叨，提醒他自己不止有一个[149]女儿，提醒他 vielleicht dad Ausserordentliche［也许某种不同寻常的变化］将会发生——那他自然就不再是一个英雄，而只是一个热心奉献的慈善家了。亚伯拉罕也具备英雄般的专注，这专注难度更高，因为他无法向普遍性求助。然而，他设法完成了更进一步的跃迁，通过这一跃迁，他重新收拾自己的灵魂，并将之贯注于奇迹之上。若是没有后面这一步，那亚伯拉罕至多是又一个阿伽门农——当然先得假设，虽然对普遍性无甚裨益，但亚伯拉罕甘心献祭以撒的行为总能找到一丁点儿合理的解释。[150]

　个体是处于诱惑之中抑或正在成为一个信仰骑士，[151] 只能由个体来断决。不过，我们仍然有可能在悖谬的基础上构建一些法

---

〔149〕 阿伽门农共有三女一子，分别是三个女儿伊菲革涅亚、厄勒克特拉、克律索忒弥斯和小儿子俄瑞斯忒斯。

〔150〕 也就是说，合理地解释献祭以撒的行为以便将亚伯拉罕接纳为悲剧英雄。

〔151〕 参见注释147。

则，让那些处在悖谬之外的人也得以理解。真正的信仰骑士是不折不扣的独行侠，假冒的骑士则是个囿于宗派之见的人。后者总想着逃离那悖谬的幽寂魔道，以自降身价成为悲剧英雄。悲剧英雄表现普遍性，甘心为了普遍性牺牲自己。喜欢拉帮结派的杰科尔老爷[152]并没有牺牲自我，但他常去一座私人剧院，那里有一些臭味相投的好友和玩伴——他们代表着普遍性，就像《金鼻烟壶》[153]中的公众见证人代表着公正一般。与这些完全不同，信仰骑士身在悖谬之中，他是个个体，绝对与他物无涉的个体，也绝对没有什么帮派纠葛。这其中的恐怖是那些软弱的拉帮结派者所无法承受的。然而，这些可怜的家伙并没有就此认清自己缺乏效

---

〔152〕 杰科尔老爷（Master Jackel），一出木偶戏的主角，参见 *Kasper and Punch*。该人物可能来源于意大利 16 世纪 Silvio Fiorillo 所创造的喜剧角色普尔钦奈拉（Pulcinella）。这一人物形象广为人知，他是一个以街为家，在与各种势力强权周旋中，寻求生存的小人物。他不是传奇中的什么英雄豪杰，他如普通老百姓一般担惊害怕、畏畏缩缩。他常常出现在即兴喜剧之中，后来流传到英国演变为经典木偶戏《潘趣和朱迪》（*Punch and Judy*），流传到丹麦则变成了杰科尔老爷。基尔克果著作中经常表露出他对各种戏剧的爱好。如在比《恐惧与战栗》稍早完成的《重复》中，主角之一康斯坦提乌斯为了体验"重复"（顺便一提："重复"实际上相当于"信仰跃迁"中的"凭借荒谬之力重返普遍性"，相当于"重得以撒"），而再次前往柏林。入住旅馆后他就决定去观看一出"笑剧"，他对笑剧的评论中有下面一段文字可以和这里的文字相互参照（参见《重复》，王柏华译，百花文艺出版社，2000，页 36）：

看笑剧能引发最最预料不到的情绪……他也不能像谨慎的旁观者一样，只喜欢一场戏剧表演中理应塑造的那个最出色的人物形象，因为一出笑剧里的所有人物都是按照"一般的"抽象标准塑造的。场景、动作、台词，一切都依照这个标准。因此，笑剧既使人狂喜也使人悲哀。

〔153〕《金鼻烟壶》（*Stokkemœndene i Gulddaasen*），奥卢弗森（Olufsen）所作的戏剧。"公众见证人"指那些被委任充当法律程序的公证者的人们。

仿崇高的能力，也没有坦率地承认自己的局限，而是妄想通过联合其他蠢货而具备这一能力——这当然是白费力气，精神领域不容许任何欺骗。就算一打结党营私之徒手臂相挽，也不可能靠近那充满诱惑的幽寂魔道半步——因为它只等候信仰骑士的到来。他们更不可能了解：信仰骑士之所以不愿躲避那诱惑，是因为倘若他贸然突进而不在那魔道上巡游，一切只会变得更加糟糕。拉帮结派者们起劲儿地聒噪着，喧嚷着，彼此充耳不闻，他们靠着高分贝的噪声来驱散惧怕，他们出门加入热闹的周日游园的人群就以为自己身在天堂，就以为自己已跟随信仰骑士踏上了幽寂魔道——而真正的信仰骑士呢？此时，他正沉浸在如宇宙般广袤的孤单中，四周寂寂无声——他正怀着那让人抖颤的责任感踽踽独行。

　　信仰骑士自己主动选择了孤寂，他沉浸于不能得到他人理解的痛苦之中，却并不幻想能够经由某种方法让自己变得可以理解。这痛苦是他所确信的，他的头脑过于严肃，不可能抱有任何幻想。冒牌的骑士们则相反，他们时刻准备着背叛自己，时刻准备着学别人的样——当然他们确实学得很快，他们没有把握住这一要点：就算其他个体曾在那小道上走过，自己也必须独自成为个体，独自前行而不依赖别人的指导，尤其是不能依赖那些急于施加影响的人。到这里，又会有人忍不住逃出那幽寂魔道了，因为他们不堪忍受"无人理解"这一处境中所包含的殉道般的剧痛；他们会非常实际地选择容易得到人们夸赞的事业。[154] 真正的信仰骑士不

----

　　〔154〕 基尔克果对那个时代的抨击加之我们这个时代亦完全合适，因为我们的时代更是一个人人渴望（甚至有可能借助各种手段）一夜成名的时代。上一句所说的"急于施加影响的人"其实相当于我们时代那些到处明里暗里宣讲"成功学"的所谓"成功人士"，他们是多么"急切"地希望向大众传授自己的"成功经验"啊！

是导师，而是见证者——这一点体现了他身上最深刻的人道主义，它远比同情更有价值。同情是对他人忧喜祸福的肤浅关切，是人们所认为的高尚情感，但事实上，同情只能暴露出关切者的空虚与自负。想要成为见证者的人都明白一个道理：没有人——哪怕是最卑下的人——需要他人的同情，或者需要他人的抬举和提升。每个人凭自己的力量所获得的一切，都不可能在他人那里廉价购得，当然也不可以打折出售。[155] 他不会卑劣地索取群众的崇拜，又暗地对群众报以轻蔑，他知道，真正崇高的事物总是向所有人敞开。

　　于是，要么有对上帝的绝对责任——就像上面的悖谬所描述的一般，孤独个体作为特殊性超越了普遍性，并作为特殊性处于与绝对的绝对关系之中——要么，信仰就因其始终存在而从未存在过——如此一来，亚伯拉罕将一无所是，[156] 如此一来，我们就必须学习那个品味高雅的解经家，用优美无害的方式诠释《路加福音》第 14 章中的那段话以及所有相似的和相关的段落。[157]

---

　　〔155〕　这让读者想起"序曲"的第一句话："在我们时代的商业领域甚至是思想领域，一场空前的清仓大处理正隆重上演。一切都变得一天比一天低贱，以至于我们有理由猜测，到最后会不会干脆来个免费派送。"

　　〔156〕　参见注释 98。

　　〔157〕　相似的段落都曾出现过"恨"，如：《旧约·申命记》13：6，33：9；《新约·马太福音》10：37，19：29。

疑难三

亚伯拉罕向撒拉、以利以谢和以撒隐瞒自己的
意图，这能从伦理上得到辩护吗？

伦理整个地隶属于普遍性；作为普遍性，它具有明白显豁的性质。而被当成某种直接性、仅仅是感官与心理存在的个体，则具有隐匿性。他的伦理任务就是将自己从这隐匿性中解脱出来，最终显露在普遍性之下。于是，只要他企图继续待在隐匿性之内，他就犯下了罪过并面临着诱惑，只有敞开自我才能帮助他摆脱诱惑。

我们发现自己又回到了原点。除非存在这种隐匿性——它扎根于孤独个体高于普遍性这一事实之中——否则，亚伯拉罕的行为就无法辩护，因为他拒绝从作为中介的伦理角度去思考他的现状。如果存在这种隐匿性，那么我们就遇到了无法调解的悖谬——因为该悖谬扎根于作为特殊性的孤独个体高于普遍性这一事实之中，而普遍性恰恰就是调解的必经之路。黑格尔哲学假定，不存在正当的隐匿性，也不存在正当的不可通约性，该假定与黑格尔对敞开性的要求相一致，[158] 但当他谈及信仰并将亚伯拉罕当作信仰之父时，就不太公平且有欠考虑了。[159] 因为，信仰并非最

---

〔158〕 参见黑格尔《哲学全书》（*Enzyklopädie*），§384（中译本见杨祖陶译《精神哲学——哲学全书·第三部分》，人民出版社，2006。）："显示自己是属于一般精神的一个规定"（中译本页24）；"绝对的最高定义是：绝对不仅一般地是精神，而且是绝对地显示着自己的、有自我意识的、无限创造的精神。"（中译本页26）

〔159〕 参见本书"疑难一"第二段和注释94。

初的直接性，它总是姗姗来迟。真正最初的直接性是美学[160]——这一点黑格尔哲学倒是说对了。而信仰绝非一种美学，如果它是，那信仰就因其始终存在而从未存在过。

此处，我们最好停留片刻，以美学的眼光打量一下整个事件，进行一场审美式的探究。为此之故，我恳请读者诸君暂且抛却杂念投身于这探究之中，而我本人也将相应地调整自己的表达方式。[161] 首先，我想凑近一些查看"趣味"这一范畴，它在当今时代（因为我们位于 discrimine rerum［人类生活的转捩点上］）收获了极大的关注度，是一个不可小觑乃至性命攸关的范畴。所以，我们不能在 pro virili［用尽心力］沉迷于它之后，就因为热情冷却而弃之不顾，当然也不可对之过分贪求。这里可以确定的是，想要赢得趣味，想要过有趣味的生活，靠的并不是勤学苦练，毋宁说，趣味的获得是一种命运安排赐予的特权——像精神世界中的其他特权一样，它的获得只能靠蚀骨的剧痛。于是，我们可以说，苏格拉底是曾经存在过的人中最有趣味的，他的生活也是有记录的最富有兴味的生活，但这样的存在方式毋宁说是神性的赐

---

〔160〕 在《逻辑学》（出处见注释 126，§63）中，黑格尔将信仰等同于直接性的知识，但他又说（《逻辑学·〈哲学全书〉第一部分》，前揭，页 137）：

> 顺便指出，在这里叫做信仰的和直接知识的东西，与别处被称为灵感、内心启示和天赋予人的内容的东西，尤还被进一步称为健康人类理智、common sense［常识］的东西，是完全相同的。所有这些形式都按照同样的方法，把在意识中出现内容或包含事实的直接性当作自己的原则。

〔161〕 "疑难一"从伦理角度探讨亚伯拉罕的正当性；"疑难二"则从神性角度、借助一段经文来思索亚伯拉罕事件；"疑难三"却出人意外地"下降到"美学视角，以譬喻的方式审视亚伯拉罕。此安排的用意恐怕是基尔克果所设的又一个谜。

予，而苏格拉底亦已为之尽力，因此，他早已见惯了各种麻烦和痛苦。在我们的时代，确实有人徒劳地想要追求这样的存在方式，但他们都有所偏离，最终让自己的生活变得过于严肃。而且，兴趣这一范畴是一条界线，划分了美学和伦理的边界。[162] 故此，在接下来的探讨中，我们必须时时瞪大双眼，以免自己不小心进入了伦理的版图——因为我们希望能够以仅属于美学的情绪[163] 来把握当下的问题。近年来，伦理很少考虑该问题，这大概是因为，它在体系中找不到属于该问题的位置。也许，用专论的形式来处理它比较合适。另外，啰哩啰嗦地谈论该问题，和三言两语所达到的效果无甚差别——当然，后一种情况要求谈论者具备对语言的控制力——据说，一两个谓语就能揭示整个世界。[164] 难道，在那宏大的体系之中，竟容不下我们添加的几个小小的词语吗？

在那部不朽的《诗学》里，亚里士多德曾说："……事实上，神话由两个部分构成：命运的遽变（这是悲剧情节的转折点）和

---

〔162〕 在另一处，基尔克果曾将反讽当作美学与伦理之间的界线，而将幽默当作伦理与宗教的界线。对基尔克果而言，反讽是自我意识的一种模式，进入到这种模式之后，有限世界就成了思维的对象，且被推到了一定距离之外。"兴趣"亦可从这一角度来看待：具备了此种模式的意识之后，有限性中的单个的人或物就会凸显出来，从而无条件地具备某种重要性和典型性。

〔163〕 此处丹麦文为 "med aesthetisk Inderlighed og Concupiscents"，直译为 "以美学的内在性和强烈的色欲"。

〔164〕 此处似乎是暗示黑格尔《逻辑学》中的有关观点。黑格尔主张，仅凭逻辑力量就能不停地驱使我们从有关 "绝对" 提出的任何谓语达到辩证法的最后结论，即 "绝对理念"。在整个过程当中，有一个基础假定，即任何事物若不是关于整体 "实在" 的，就不可能实际真确。亦可联系莱布尼茨的单子学说，在这一学说中，宇宙是由单子而成，每个单子是一个小的心灵，像镜子似的映照整个宇宙。

对这遽变的领悟。"[165]　自然，我所关注的是第二个部分：anagno-risis，即领悟。凡有领悟之处，eo ipso［恰恰因为有此］，就有在它之前的隐匿性问题。隐匿性是不安的因素，这就如同领悟是缓解的要素或戏剧生活中用来放松的因素一般。亚里士多德在同一章，也就是这句话的前面，曾谈到悲剧之价值的有关推论，谈到peripeteia［遽变］和anagnorisis［领悟］是否重合的问题，还涉及"单一的"与"双重的"领悟的差别。[166]　对以上理论，我不能在这里过于深究，但不可否认，亚里士多德著作中所流露出的诚恳与从容和那种无比专注的气质对我们具有持久的吸引力——尤其是当我们厌倦了学者们自以为是的全知腔调以后。在此，我们只需要一段简明的评论。在古希腊悲剧中，隐匿性（因此也包括领悟）是以命运为基础的史诗的残留物——当命运出现之时，戏剧情节就在理念的威慑下退避三舍，而朦胧与神秘的源头会悄然隐现。因此，希腊悲剧所造成的效果类似于没有眼珠的大理石人像，或者说它是一种盲目的悲剧。鉴赏希腊悲剧，需要某些抽象概念的辅助。

---

　〔165〕　基尔克果引用的是拉丁文，参见亚里士多德《诗学》第十一章。中译参见罗念生译（上海人民出版社，2005，页44）："'突转'与'发现'是情节的两个成分。"（此处译文中，"突转"译为"遽变"，"发现"译为"领悟"。）

　〔166〕　双重领悟的一个例子来自阿伽门农唯一的儿子俄瑞斯忒斯。在欧里庇得斯的悲剧《伊菲革涅亚在陶洛人里》（参见上海人民出版社，《罗念生全集·欧里庇得斯悲剧六种》，2004）中，为父报仇而弑母的俄瑞斯忒斯在即将被献祭的时候认出了主持献祭的女祭司是自己的姐姐伊菲革涅亚——在这一瞬间，弟弟领悟到自己的姐姐并没有死于父亲迫不得已的献祭（参见注释168），而姐姐也意识到那个即将被献祭的人竟然是自己的亲弟弟。也可参见亚里士多德《诗学》第十一章，中译文（前揭）页43–45。

儿子杀害了亲父，但随后才发现真相。[167] 女祭司打算牺牲某人，但在最后关头才知道牺牲者是自己的亲兄弟。[168] 诸如此类的悲剧不太容易勾起我们这个沉思时代的兴趣。现代戏剧早已将自己彻底解放，也就是说，它放弃了命运的观念。现代戏剧从自身出发审视一切，它在戏剧意识中打量所谓的命运。隐匿与显露在现代戏剧中成为英雄的自由行动，因此他也必须自负其责。

领悟和隐匿也是现代戏剧中的本质成分。要对此举例论证颇为麻烦。我无比谦恭地假设，[169] 在我们这个从美学层面上如此奢靡放纵的时代，人人都情欲旺盛且神武无匹，因此产生各种观念就如同雌松鸡发情一般容易——亚里士多德就曾说过，只要听到雄鸡的啼鸣或看到它奔飞的姿态，雌松鸡就会性欲勃发[170]。再次无比谦恭地假设，在当今时代，只要听到"隐匿"一词，每个人都能轻而易举地从袖子里抖落一打传奇和喜剧。因此，我有理由在这个问题上泛泛而论甚至一笔带过。倘若有人决意隐藏，也就是说，将戏剧的酵母——某种毫无价值的事物隐藏起来，那么我们就得到了喜剧。但若是有人怀有某种更不同寻常的理念，他就

〔167〕 此处的"儿子"为弑父娶母的俄狄浦斯，参见索福克勒斯《俄狄浦斯王》。

〔168〕 此处的"女祭司"指伊菲革涅亚。在欧里庇得斯的另一部悲剧《伊菲革涅亚在陶洛人里》中，阿伽门农事实上并没有真正牺牲伊菲革涅亚，因为月神与狩猎之神阿耳朵特弥斯在最后关头以一头雄鹿代替了伊菲革涅亚，并将她带到了陶利斯。她在陶洛成为女祭司，并在后来的一场献祭中救下自己的兄弟。参见注释100。

〔169〕 "序曲"的第二段有类似的句型，可对读。约翰尼斯作为愤世者的形象在全书均有体现。

〔170〕 参见亚里士多德《自然史》，V，4，7。另见 *Søren Kierkegaard's Papirer* IV，A 36。

接近于悲剧英雄了。姑且以一出喜剧为例：一个男人乔装打扮、头戴假发，希望以此博取异性的欢心，他相信，借助这一身行头，自己已具有了无法抵御的魅力，必将完成征服者的任务。果然，他猎获了一个姑娘的心，达至了欢乐的顶峰。然而该故事的内核此时方才显露：如若他承认自己是个骗子，难道他不会立即失去所有魅力而露出原形（一个庸俗透顶以致谢顶的中年男子）吗？难道他不会再次失去爱情？隐匿是他自由选择的行为，因而在美学的意义上，他也当为此负责。美学规则绝不会庇佑秃头的伪善者，因此，他只好祈求看客们在嘲笑他时能心生怜悯……让我们打住吧——关于喜剧，以上的暗示已经足够。

此处，我的计划是让隐匿性辩证地踏上美学与伦理的边界，而我们的目的是要弄清楚，悖谬与美学隐匿之间的绝对差别何在。

这里还有两个成双成对的例子。一个少女秘密地坠入爱河，但双方都未曾袒露真情，旁人更无从知晓。她的父母强迫她和另一个男人结婚（他们会利用女儿内心的责任感来说服她）。她顺从了。她将自己真正的爱隐藏，以免他人难过。没有人会知道她内心所承受的痛苦——又或者，一个小伙子处在这样一种境遇之下：只要泄露一个词儿，就能占有他朝思暮想的渴望之人。但这个词儿的泄露可能将毁灭——是啊，谁知道呢，这种可能性想必存在——整个家族。他高贵地选择了留在隐秘之域，他想："那个女孩一定蒙在鼓里，她和另一个人结婚同样可以幸福。"多遗憾啊！两人都对各自的所爱隐瞒了真情，而同时，这也造成了一种相互的隐瞒——多遗憾，因为这样的状况原本有可能促成一种更高的联系——他们的隐匿是自由的行为，在美学上当然要自负其责。可是，美学是个殷勤而善感的管家，它解决问题的方法比所有的管家和经理都要多。对这件事，它会如何处理？它早已为恋人们打理好了一切。在婚礼按计划隆重举行之日，借助巧合，大家突然知晓了这对秘密恋人牺牲自我的崇高决定。于是，一切得到了解释，于是他们得到了彼此。作为奖赏，他们甚至得到了英雄的名号——尽管他们并没有为那崇高决定而纠结多久，因为美学管家马上就知道了一切并给予宽慰，仿佛他们已英勇地为之奋斗了好几个年头。确实，美学不看重时间的延续，[171] 无论是为了诙谐抑或认真的目的，美学总是脚步匆忙。

但伦理就不一样了，它不懂什么巧合，不会多愁善感，也没有那种迅疾的时间观。于是，在伦理视域下局面将有所不同。你不能同伦理争辩，因为后者使用的是纯粹的范畴。你更不能诉诸经验，在所有可笑的事物中，经验最为可笑，它不会让你更聪明，相反，倘若不知道任何高于经验的知识，一个人会迅速变得疯傻。伦理没有巧合，因此也就没有什么姗姗来迟的解释，它不会与尊严调情，却将沉重的责任放置于英雄孱弱的肩头，它谴责那企图用自己的行为来代替神意的傲慢，也谴责那幻想用受难来做到同样事情的无知。它呼唤对现实的信赖，呼唤与现实中所有艰险不懈斗争的勇气，而坚决反对那将受苦当成责任的无所作为。它告诫人们不要将信仰交给理性精明的算计，因为后者比古人的神谕更不靠谱，它告诫人们远离不适当的宽宏大度。让现实来决定一切吧，我们只要表现出勇气就好。不过，话说回来，伦理也会提供所有可能的帮助。然而，假若那两人具有了某种更深邃的观念，假若某种更严肃的事物横空出世进入到这个故事里，那两人身上一定会产生新的变化。但如此一来，伦理就不会再提供帮助了。他们对伦理有所隐瞒，并自作主

---

〔171〕 而信仰骑士亚伯拉罕的最重要的特质之一就是漫长的等待和无尽的内心折磨。

张将之当作某种责任——这触怒了伦理。

由此可知，美学呼唤隐匿并给予丰厚回报，而伦理则要求袒露并对隐匿施以惩罚。

然而在某些情况下，美学甚至也要求袒露。当英雄陷入美学的幻想，认为自己可以凭借沉默拯救某人，美学会鼓励这种沉默并予以奖励。不过，当这位英雄的行为干扰了他人的生活时，美学一样会要求袒露。于此我们实际上已经在谈论悲剧英雄了。接下来让我们再回到欧里庇得斯的悲剧《伊菲革涅亚在奥利斯》中的一个场景：[172] 阿伽门农即将献祭伊菲革涅亚。在这一时刻，美学要求阿伽门农保持沉默，因为作为英雄他不应该寻求旁人的安慰，同样他的沉默也是为那些女人着想。而另一方面，为了成为英雄，阿伽门农又不得不面对来自克吕泰涅斯特拉[173] 和伊菲革涅

---

〔172〕 参见注释 100。

〔173〕 克吕泰涅斯特拉乃阿伽门农之妻。前文说"他的沉默也是为那些女人着想"，是因为阿伽门农并没有说出献祭伊菲革涅亚的真相，而是哄骗克吕泰涅斯特拉母女说，让她们来奥利斯是为伊菲革涅亚和阿喀琉斯的婚事。随后，当老仆人说出献祭的真相，母女俩起初并不愿屈从。克吕泰涅斯特拉让阿喀琉斯帮忙保护女儿，而伊菲格涅亚也曾在父亲面前哭诉（欧里庇得斯《伊菲革涅亚在奥利斯》，278－279 行）：

> 帕里斯与海伦的婚姻与我有什么关系？父亲，为什么他来了就是我的灭亡呢？请你看我，只看一眼，再给我一个亲吻吧……你怜恕我，可怜我的青春吧！看得到那阳光，这对于凡人是多么甜美的事呀，那地下的生活全是虚空，谁有祷告想死的人便是发狂的人。恶活胜似好死呀！

而阿伽门农回答她说：

> 我爱着我的子女，知道什么应是哀怜，什么不是，要不然我是发了狂。……孩子，这不是墨涅拉俄斯在役使我。我也不是随从他的意思，但这乃是希腊，为了它须得牺牲你的，不管我愿意不愿意。

最后，伊菲革涅亚认清了命运，做出了自我牺牲的决定。

亚的眼泪的艰难考验。对此，美学何为？它果然自有妙计；它让一个老仆人在一旁为克吕泰涅斯特拉袒露了真相。现在，一切又可以顺理成章地继续下去啦。

伦理不欢迎巧合，也没有站在一旁的忠厚老仆。不过，比它更尽善尽美的美学理念一触碰到现实就会自相矛盾。伦理要求袒露。阿伽门农不应该为美学的幻想所迷惑，而应该通过亲口对伊菲革涅亚说出真相来展示悲剧英雄的勇气。这样一来，悲剧英雄才是伦理疼爱的子嗣，他将因此而再度受宠。假如他仍然沉默不语，那或许是因为这样做对别人有利，或许是因为这样对自己来说更容易一些。但悲剧英雄明白即使选择后者也不会有损于自己的名声。[174] 继续保持沉默，就意味着他担起了作为个体的责任，于此，任何外在的非议都对他无效。但作为悲剧英雄，他不能这么做，因为这样就会丧失伦理宠爱他的原因，即，对普遍性的表达。他英雄般的行为需要勇气，这勇气部分地体现在：他不惧任何人的指指点点。可如今，他却面临着眼泪，那确实是个可怕的 argumentum ad hominem，[175] 而且众所周知，即使是对一切都麻木不仁的家伙也会在泪水面前缴械。这出戏允许伊菲革涅亚哭泣，实际上，她应该像耶弗他的女儿那样用两个月的时间去痛哭，[176] 当然她不会独自啜泣，她应该匍匐在父亲的脚下，动用自己所有的技巧（虽然"那仅仅是眼泪"），应该代替橄榄枝缠绕在父亲的膝前。[177]

美学要求袒露，它会亲自动用巧合来完成；伦理要求袒露，

---

〔174〕 暗示阿伽门农没有亲口对克吕泰涅斯特拉母女道出献祭伊菲革涅亚的真相，参见注释 173。

〔175〕 意为能够利用某种情形或某个人的特点的有力论点。

〔176〕 参见注释 103。

〔177〕 在古希腊，缠绕的橄榄枝象征"乞求"。

但它是靠悲剧英雄来得到满足。

　　伦理对袒露有严格的要求，但不可否认，作为内在情感的决定性因素，隐秘与沉默确实容易成就一个英雄。阿莫尔离开赛姬的时候，[178] 对后者说："倘若你懂得保守咱们的秘密，这孩儿将是一个神灵，然而如果你泄露天机，那孩子将会是一个凡夫俗子。"悲剧英雄，作为伦理的至爱，依然是有血有肉的人；我可以理解他们，他们的事业也是堪称光明正大。如果我斗胆再向前迈出一步，就会迎面撞上那个悖谬，撞上那神魔交汇之域——因为沉默同时隶

---

　　[178]　引自古罗马作家阿普列乌斯的《金驴记》。阿莫尔（Amor），即罗马神话中的爱神丘比特。赛姬（Psyche），又译为普绪克、卜茜凯，丘比特的妻子。传说美神维纳斯嫉妒凡间女子赛姬的美貌，派丘比特去惩罚她。不料丘比特对赛姬一见钟情，将她秘密带到自己的宫殿并娶她为妻。可是因为后者是凡人，他便只在夜间与赛姬相会，并要求她不能看自己。赛姬答应了，但后来，她在两个姐姐的唆使下背弃诺言，提着油灯看了丈夫的真容，使丘比特怒而离去。丘比特在赛姬背弃诺言前曾劝告她说（阿普列乌斯《金驴记》，刘黎亭译，上海译文出版社，1988，页120）：

　　　　难道你没觉察到在你头上的巨大威胁？命运女神，会像一队轻步兵那样，从远方向你开战……要是将来那些卑鄙的女妖精不怀好意地出现在这儿——我知道，她们肯定会来的——那你万万不可回答她们的提问。假使你实在办不到这点，因为你有一副好心肠，生来就单纯而脆弱，那么至少你可以充耳不闻，不说有关你丈夫的一句话。过不了多久，咱们家里将要增加一个人员，要知你那仍是少女的纤细的腰身里，已经怀上了一个孩子。倘若你懂得保守咱们的秘密，这孩儿将是一个神灵，然而如果你泄露天机，［那孩子］也会是一个凡夫俗子。

　　丘比特离去后，赛姬设法求得了维纳斯的原谅，从凡人变为神明而与丘比特重新结合——虽然她后来还背弃了对维纳斯的承诺，打开了那个封有"永睡"的盒子。另外，赛姬（Psyche）象征着心灵（英语里 psych - 也是表示灵魂和思想的词根，比如 psychology）；Cupid（丘比特）一词本义是欲望（即希腊神话中的爱神 Eros）——因此，赛姬与丘比特这对神仙爱侣象征着灵与欲的结合。

属于神性与魔性。[179] 它是魔鬼的诱饵，一个人沉默得愈久，那魔鬼就会显露出愈发可怕的面目，但沉默也是神明与个体交流的通道。

在回到亚伯拉罕故事之前，我还想展示若干个诗性人物。通过激发他们身上的辩证力量，我将他们推上顶峰；通过鞭笞他们所背负的绝望，我会阻止他们原地踏步，从而让他们有可能在苦闷中提供某些启示。*

---

〔179〕 在"疑难一"中，基尔克果曾表示："因此，亚伯拉罕绝不是悲剧英雄，而是某种绝然不同的人物：一个凶手，或一个信仰者。"

　　* ［约翰尼斯原注］这种运动和这般态度亦能从美学上去处理，至于它能否从信仰或有信念的生活的角度去处理，我暂且不论。我只想——我总是不吝于对那些启发过我的人表达谢意——表达自己对莱辛的感激，因为我通过他的《汉堡剧评》（Hamburgische Dramaturgie［译按］参见《汉堡剧评》，上海译文出版社，1981，张黎译，第一、二篇）中发现了一部对我来说颇有价值的宗教剧。不过，莱辛单单注意到了生活的神性方面（那是最高级的成功），因而感到绝望。（［译按］在《汉堡剧评》中，莱辛评论了一部宗教悲剧《奥琳特与索弗洛尼亚》，他表示："因此我的忠告是：对迄今所创作的一切基督教悲剧，来个不演为佳。这一忠告是从艺术的需要引出来的，它只能为我们带来极平庸的作品。"）我猜，若是他更多地注意到人性发展的一面，恐怕会得出一个大不相同的结论。（Theologia viatorum［朝圣神学］。［中译按］"朝圣神学"是一种宣扬"战斗教会"或不断的拯救路上的神学，它的反面是"成功教会"的观念以及那些宣扬神佑与真福的神学。有论者认为基尔克果的思想就是一种"真理永在路上"的"朝圣神学"。亦可参见巴特《教会教义学》："［基督教神学］从来没有产生一个纯粹的教条系统，在这一系统中基督教的性质被一劳永逸地固定下来，而适用于任何时代。神学是一项历史性的工作。伴随着总是重新转向新人新时代的基督的信息本身，它总是处在 theologia viatorum，即一种朝圣神的路途上。"［三联书店 1998 年版，页 5］。）莱辛对此照例一笔带过，甚至有些含糊其辞，但我凭多年跟随他的经验还是很快抓住了他的话中深意。莱辛并不仅仅是全德国最博学的人之一，也不仅仅具备非同寻常的精准学识——因此我们可以完全信赖他的判断，而不必担心会出岔子，不必担心他那儿会有错误或捏造的文献、来源可疑的一知半解之论或唯恐别人不知的所谓新观点（不出意外的话，这些"创见"在某个古人那里早已得到完美的阐述）。尤其要指出，莱辛最独特的天赋在于，解释自己已经理解的，然后止步。如今，人们总是匆匆向前，硬要解释超出自己理解的事物。

　　亚里士多德在他的《政治学》中曾提到一起发生在德尔斐、源于某桩婚事的政治纷争。一个新郎，由于占卜师预言他的婚姻将引发一场灾祸，[180] 便在即将迎娶新娘的关头，突然改变主意——他中止了这场婚礼。我仅仅抓取我所需要的这一部分情节。*在德尔斐，以上的故事不可能不伴随着无尽的泪水。若是有一个诗人以之为素材，他将毫无疑问赚取到人们无限的同情。这难道不让人心碎吗？那在生活中时时遭受排挤的爱情，甚至也无法得到神意的庇护？"天作之合"这一古老的成语难道在此完全失效？像恶灵一般将恋人拆散，这通常是有限性的考验和磨难，而爱情有上天这一神圣同盟的帮助，因此总是能逢凶化吉。但在这个故事里，正是上天，将它亲自结为连理的一对重又拆散。如此结局有谁又能料到？那个年轻的新娘想必最为震惊。就在几分钟前，

---

　　〔180〕 德尔斐为福基斯地区小邦，其所建阿波罗神坛以神谶灵验而闻名，后成为希腊各邦神道和教仪的中心。此处的德尔斐故事参见亚里士多德《政治学》第五卷第四章（中译文见商务印书馆，1983，吴寿彭译，页244）：

　　　　在德尔斐，那里相持甚久的内讧，追溯它的起因，实在出于一件婚姻纠葛。新郎在迎娶之夕，在女家中遇见一个不吉的征兆，便匆忙地脱身而回，丢下了新妇。女家的亲戚们以此为奇辱，就合谋报复，他们伺候新郎于神庙，到他来献祭时，就将一些祭器混入他的献礼内，扬言他盗窃圣物，当场杀死了他。

　　* ［约翰尼斯原注］根据亚里士多德的论述，德尔斐故事随后的发展如下：为了复仇，新娘一家将神庙中的一个水瓮悄悄放进新郎的私人物品之中，因此新郎被指控为神庙窃贼。这些无关紧要，因为此处的问题不在于新娘家在复仇时的表现是愚是智，这个家庭的理论意义仅仅在于，它激发了英雄的辩证性。另外，强大的宿命在此体现为：原本为了逃避危难而逃婚的新郎却恰恰因为逃婚而陷入危难之中。而事实上，新郎的整个生活也与神性产生了两重的关联，首先是占卜者的预言，其次是因盗窃神庙而受人控诉。

她还无比娇柔地坐在闺房中，任那些温柔贤淑的侍女们来装扮她；她们是如此用心，仿佛即将向整个世界验证自己的手艺一般；她们是如此幸福，甚至体验到了妒意——是的，就连对自己手艺的自豪也抵消不了的妒意：因为新娘在她们的巧手装扮下美若天仙。这新娘子独坐镜前，随意变换并提升着自己的美丽；她知道，女性倾尽其能所装扮的对象，实际上都是自身的美德。然而，这里依然缺乏某个少女所未曾梦见过的事物：它像一件婚纱，比侍女们穿在她身上的那件更华美，更轻盈，也更神秘——那是一件所有能工巧匠都不知晓且无力为之的新婚礼服，新娘自己更不知该如何得到它。[181] 它是一种不可见但无比亲和的氛围，它最爱做的事就是装扮新娘并悄悄地环绕在她的周围——于是，新娘看到未来的郎君走进神庙，看到大门在他后面闭合；她变得愈发平静，内心却陷入狂喜，因为她明白，他现在比过去更加属于她。神庙的大门再次打开，新郎离去；她娴静地垂下双目，因此并没有看到新郎脸上升起的愁云。而此刻，新郎已察觉到了上天那可怕的妒忌，因为他的新娘如此娇艳，他的艳福无人可比。神庙的大门第二次打开时，年轻的侍女们看到新郎走了出去，但她们同样没有看到他脸上已阴云密布，因为她们正忙着将新娘子送上前去——她们环绕在那拥有处女之端庄的新娘周围，就像是女仆环绕着她们尊贵的女主人，而她们也行了屈膝礼。于是，在这侍女组成的可爱队列的最前方，她静立并等待着——那只是一个瞬间，而神庙就在眼前——新郎来了，但他只是从她面前经过。

　　好吧，我得就此打住了。我不是诗人，我只是想研习一下辩

---

　　[181]　这件无形的婚纱实际上象征着上天对婚姻的许诺，可在这场以悲剧收场的婚礼中，恰恰缺乏了这种许诺，取而代之的是上天的"妒忌"。

证法。首先，大家应该已经注意到，这故事中的英雄是在最紧要的关头才发现隐藏着的真相，因此我们不能指责他对所爱之人无情无义。其次，在他面前开口说话的是神明，阻止他的是神意，[182] 因此我们不能将他与那些沉浸在幻想中的脆弱不堪的情侣混为一谈。最后，无需多言的是，在得知神意之时，他感受到了和新娘一样的悲痛，而他的悲痛甚至更深，因为那打击针对的是他——的的确确，占卜师预言：是他将要面临灾祸，但疑点在于，这灾祸会不会影响到他们婚姻本身的幸福。新郎此时该何去何从？（1）他选择谨守沉默，完成婚礼。他会在心中自慰道："或许灾祸不会很快发生，而且，我对她的爱如此深切，绝对不怕因此而遭到不幸。但我必须保持沉默，不然，这短暂的瞬间也将会不属于我了。"该说法看似合理实则是自欺欺人，果真如是的话，他就是在欺辱那个姑娘。他的缄默事实上也将未婚妻带进了罪愆之中，因为倘若她知道真相，就一定不会再愿意与他结合。可以想见，当那灾祸到来之时，他同时还要为自己曾经的缄默负责，而妻子也一定会因那缄默而愤怒。（2）他选择谨守沉默，但终止婚礼。此种情况亦是一种欺瞒，且将彻底摧毁他与未婚妻的联系。美学或许会赞成这一选择。于是，和故事真实的进展一样，大难依然

---

〔182〕 基尔克果的父亲身为牧师，却曾在冲动之下诅咒了上帝，而他那本是家中女仆的母亲的未婚先孕也违背了耶稣的教导，再加上父亲从小对他严格的宗教教育方式，使得他接受了父亲所相信的阴暗预言：他和其他兄弟姐妹都会在 34 岁（这是耶稣的寿限）之前去世，只留他的父亲单独活在世上。因此，也可以说，是神意在阻止基尔克果走进婚姻的殿堂。他在此处对亚里士多德这一故事的分析以及所列举的男主人公的种种可能性，实际上都是他对自己切身境遇的思考。基尔克果在现实中的选择类似于这里的选择（2），不过，在基尔克果 34 岁到来之时，预言并没有实现，而他又不得不重新思考自己今后的人生。

降临，只不过换了一种方式。哪怕在最后一刻真相得以揭露，按
照美学的品味，他也必须得死去方才圆满——除非天律能够撤销
那宿命的预言。嗯，这种选择虽然高贵，但依然包含着对那姑娘
和其爱情的欺辱。（3）他选择说出真相。不要忘了，我们的英雄
多少也有点诗人的脾性，他不会像放弃一桩失败的投机买卖一般
放弃自己的爱情。如果他说出一切，那么整个事情就成了一个伤
感的爱情小说，成了类似于阿塞克斯与瓦尔伯葛之类的故事。[183]
他们成为上天亲手拆散的爱侣。然而，在当前的故事里，那最终
的分离稍微有所不同，因为，它毕竟是个体自主选择的结果。[184]
从辩证角度分析，故事里最让人大惑不解的因素是：何以那灾祸
独独降临到他们身上？这对爱侣无法为自己所经历的磨难寻求合
理的解释，而阿塞克斯和瓦尔伯葛却明白他们悲剧的原因（教会
正是因为两人过近的关系而同等地禁止两人与对方结合）。* 若情

---

〔183〕 在奥伦施莱格尔（参见注释37）所创作的悲剧《阿塞克斯与瓦尔
伯葛》中，教会禁止阿塞克斯和瓦尔伯葛结婚，理由是两人过近的血缘
关系。

〔184〕 不同于被教会强行拆散的阿塞克斯和瓦尔伯葛，德尔斐故事中的
新郎是在有可能隐瞒的情况下自愿说出真相的。

* ［约翰尼斯原注］此处，读者诸君还可以沿着另一路径追溯那辩证的
运动。假如上天预言：此婚姻会引起一场纯属于个人的灾祸，那么，新郎就
完全可以放弃结婚，而不必同时放弃那位姑娘，并且和她保持一种罗曼蒂克
式的关系——这暧昧的关系甚至更让恋人们中意。不过，这对姑娘依然是一
种伤害，因为他对她的爱不再能表现普遍性——众所周知，诗人与伦理学家
都以捍卫婚姻为己任。总体而言，若是诗学不再自我陶醉，而是去关注宗教
和自我内在性的情感特质，那么它就触及了更崇高更重大的主题。诗学经常
向我们絮叨下面这样的故事：一个男子对一个姑娘着迷——也许那并不是真
正的爱，因为随后他就发现了更理想的对象；一个人犯了生活中常见的错
误，他走对了路却进错了门，结果发现他的理想其实在出门左拐的二楼上
——人们认为，诸如此类的话题才是诗歌的主题。一位恋人犯了错，在烛火

况确实如此，解决的方法也不是没有：既然上天并没有动用可见的力量去强行拆散这对情侣，而是将选择权留给了他们，那么我们完全可以设想，最终，两人带着对神意的蔑视而结合在一起，虽然他们不得不承受那灾难。

而伦理呢？它会要求那新郎打破沉默。伦理认为，此时，新郎的英勇本质上应该体现为他的否弃，即否弃自己那美学上的清高。只有这样，他才不会被人指责为一个满脑袋隐匿意识的虚无主义者——因为那样的清高和沉默仍会让新娘陷入痛苦。英雄之品质在这里恰恰建立在，他应该否弃那曾浮现于头脑中的幼稚念头。[185] 否则，做个英雄就太容易了——尤其是在我们这个奇葩的时代，人们早已练就了无比熟稔的伪造术，可以跳过所有中间环节而直接搞定那最高级的。

然而，如果我们在这里探讨的范围不超过悲剧英雄，对上面

———————————

中，他以为自己的所爱披着深色头发，可走近一瞧，才发现她是一头金发——而她的妹妹才是理想的对象。诸如此类的话题是人们所理解的诗歌。依我看，此类人全是厚颜无耻之徒，他们在生活中一定让人无法忍受。倘若他们妄图在诗歌的舞台上装模作样，那观众最好的反应就是用嘘声将他们立即赶下去。只有激情与激情的相互碰撞才能提供诗意的冲突，局限在某一个激情之内，就算翻箱倒柜地搜寻，也不会有任何收获。举个例子吧。在中世纪，一个女孩坠入爱河，随后，人们告知她，爱是一种罪孽，只有神圣之爱才被允许——于此我们就得到了一个诗意的冲突。这个女孩也是富有诗意的，因为她的生活涉入了超凡的理念。

〔185〕 那"念头"是：认为自己真诚地爱着她，因此他保持沉默也是为了她——这与基尔克果下一句所说的时代之通病同样是自以为是。

那个故事的分析又有何益？我想，这分析有助于我们看清那悖谬。[186] 所有的一切，包括我们这位英雄的人生轨迹，都取决于他与占卜师的预言之间的关系。那个预言，究竟是 publici［公众事件］，还是 privatissimum［私事］？该故事的背景是在希腊，在那里，占卜师的话面向一切人——当然，我的意思并不是说，每个个体都能从词句上理解占卜师的话；我是指，每个个体都明白：占卜师所表达的意思就是上天的旨意。因此，无论对于英雄还是芸芸大众，占卜师的预言都是可理解的——在这里，不存在与神性的私密关系。无论他是否情愿，预言的实现无可挽回；无论是做些什么还是控制住自己什么都不做，他都无法进入与神性的更亲密的关系之中，也不能成为天神恩赐或责罚的对象。最终的结局对普通人和英雄一样明了。在这里，并不存在只有英雄才能拆阅的秘密书信。只要我们的英雄愿意，他就可以完美地表达出一切——毕竟他可以为人理解；但倘若他继续沉默，他就是他自己的主意：他想通过做一个孤独个体而凌驾于普遍性之上，并用某些幻想来蛊惑自我——比如，幻想那姑娘会很快忘掉悲伤，等等。不妨换个角度来看，如果并不是占卜师将神意告诉了他，如果他是在某个私密的场合得知了神意，如果神意借此与他建立起了某

---

〔186〕 即理解"疑难谱集"所共同探讨的亚伯拉罕故事。如果将亚里士多德所讲述的德尔斐故事类比于亚伯拉罕故事的话，那上面提到的新郎的三个选择中，选择（1）相当于"调音篇"中对亚伯拉罕故事的第三个仿写，选择（3）相当于第一个仿写……然而，基尔克果要强调的是两者的不同，即后面所说的：在德尔斐故事中，不存在上帝与亚伯拉罕那样的私密关系；在亚伯拉罕故事中，神意只传达给了亚伯拉罕，而在德尔斐故事中，占卜师的话却是人人可知的。新郎的沉默无法得到辩护，因为他如果说出来可以得到他人的理解；而亚伯拉罕的沉默是因为即使他说出来别人也无法理解。参见"中译者前言"。

种私人的关系，那么，我们就又得到了一个悖谬[187]——让我们想象，上面的假设成为现实（我的沉思经常采用两难选择的形式，诸位姑且信以为真吧）——那么就会出现如下窘境：即使他想要说出真相，也无法说出口。他不可能享受自己的沉默，而必须因之承受苦难——恰恰是这一点确保他的正当性。于是，总结他沉默的动机时，我们肯定不能说：他想要将自己当作孤独个体置于与普遍性的绝对关系之内；我们应该说：他作为孤独个体想要进入与绝对的绝对关系之内。就我所了解的程度而言，我认为他也能最终找到宁静，尽管伦理的要求会时时打扰他那高洁的沉默。多希望有一天，美学能怀着高傲的幻想，从它多年以来止步的地方重新出发。只要它做到这一点，就能够与宗教并肩携手了，因为这是将美学从它与伦理的斗争中拯救出来的唯一可行之方式。[188] 伊丽莎白女王为了国家利益而牺牲了自己的所爱埃塞克斯

---

〔187〕 约翰尼斯一步步地将德尔斐故事改写为了另一个"亚伯拉罕故事"，而且很多美学故事都能做类似的改写，所以约翰尼斯还在继续着他的"变奏"。

〔188〕 美学"所止步的地方"指，美学总是通过种种巧合来化解沉默与隐匿，从而在"与伦理的斗争"中缴械投降（比如上面提到的阿伽门农故事中的老仆）。基尔克果批评那些仅仅局限于此类题材的"诗人"（实际上包括所有文学家），认为"只有激情与激情的相互碰撞才能提供诗意的冲突"，而这其实是指美学与宗教或伦理与宗教的冲突——因为，美学在与伦理的冲突中，注定要毫无悬念地败下阵来，这也是前面基尔克果摆出有关德尔斐故事的三个选择所想要得出的结论。因为缺乏与神性的私密关系，所以，新郎选择继续沉默（一种美学的态度，选择1和2）就注定无法求得宁静，而选择开口（选择3）就意味着彻底归顺于伦理和普遍性（除非开口后两人依然选择在一起）。

伯爵:[189] 她亲手签署了对他的死刑执行令。这是英雄主义的行为，虽然掺杂着私人的怨怒——伯爵没有将戒指寄给女王。我们知道，他实际上寄出了戒指，只是被宫廷中的某位女士蓄意扣留。[190] 据说，ni fallor［如果我没有弄错的话］，伊丽莎白得知真相之后，竟咬着手指，一言不发地呆坐了十天之久。不久，女王便宣告驾崩。显然，对于那些擅长撬开别人嘴巴的诗人来说，这

---

〔189〕 伊丽莎白一世（Elizabeth I，1533—1603），英格兰和爱尔兰女王，是都铎王朝的第五位也是最后一位君主。她终身未嫁，人称为"童贞女王"。她的统治期在英国历史上被称为"伊丽莎白时期"，亦称为"黄金时代"，因她成功地保持了英格兰的统一，在经过近半个世纪的统治后，使英格兰成为欧洲最强大富有的国家之一。英格兰文化也在此期间达到了一个顶峰，涌现出了诸如莎士比亚、培根这样的著名人物。埃塞克斯伯爵（Essex，1567—1601），原名 Robert Devereux 英格兰军人，年少时即为伊丽莎白一世宠臣。女王赐予他显赫的官位并许以特权。他于 1601 年率党羽叛乱，很快被捕。此后伯爵的朋友和顾问培根曾设法营救他，但最终后者还是以叛国罪被处死。

〔190〕 参见莱辛《汉堡剧评》（前揭）第 22 篇中（页 119 – 120）对高乃依所作悲剧《埃塞克斯伯爵》的探讨：

> 罗伯特逊在他的《苏格兰史》里谈到伊丽莎白死前的忧郁时说："当时最普遍的看法或许也是最真实的看法，认为这种痛苦是因为后悔处分艾塞克思伯爵而产生的……诺丁汉伯爵夫人在临死之前希望见女王一面，并告诉她一件秘密，隐藏这件秘密她会死不瞑目。女王来到她的卧室，伯爵夫人告诉女王说，艾塞克思被判处死刑之后，曾希望请求女王宽恕……他想把戒指呈送给她，这枚戒指便是当年他在受宠的时候女王馈赠给他的，并曾对他保证说，当他遇到偶然的不幸时，只要把戒指作为一个信号寄给她，可望得到她的宽恕。他曾让斯克柔普小姐转递这枚戒指，由于一时疏忽，这枚戒指未到达斯克柔普小姐手里，而落到了她的手里。她将此事告诉了她的丈夫（他是艾塞克思的一个死敌），他既不准她把戒指转交女王，也不准送还给伯爵。"

将是个不错的题材；同样，它也会吸引那些芭蕾舞剧院的经理们——如今，诗人们总是将自己混同于经理。[191]

　　现在，我想通过勘测魔性之途来继续我们的探索。为此我将借用阿格妮特与雄人鱼的传说。[192]　人鱼是个从深深的栖隐之处升起的引诱者，怀着狂野的欲望，他采摘并撕碎那些风情万种地站在岸边的娇嫩花朵，那些在大海的咆哮下颔首遐思的少女——以上是诗人们惯常的描述。让我们进行一个小小的改编。人鱼是一个引诱者，他召唤阿格妮特，并凭着自己的蜜语甜言进入了她最秘密的思想之中。她在人鱼身上找到了她一直以来的理想，找到了她注视大海深处时所追寻的梦境。她情愿随人鱼降入深渊。人鱼将阿格妮特抱起，后者正充满信任地用双手环绕着他的脖颈，她已将自己的整个灵魂交给了这个陌生的来客。人鱼已来到了海面上，即将带着他的猎物纵身跃入深海。这一刻，阿格妮特再次与他对视，毫无惧意，毫无疑虑，甚至看不到丝毫心愿得偿的自

---

　　〔191〕　也就是说，诗人本应有更高的追求，而不是简单地臣服于伦理，但现在，他们却将自己降低到剧院经理的高度，只想着怎样尽快地以一个安特雷沙将一切解决（安特雷沙为一种芭蕾舞动作：往上直跳，并在空中多次互击小腿。参见《重复》，前揭，页34）。

　　〔192〕　这个传说在欧洲许多地方流行，最早出现在民谣之中。丹麦诗人巴格森（Jens Baggesen，1764—1826；早年以滑稽诗人闻名，后开始用德语写作严肃诗歌，基尔克果的作品中经常援引他的诗作）曾在他的作品 *Agnete from Holmegaard* 中使用过该传说。而在创作有关美人鱼的童话《海的女儿》之前，安徒生曾经写过一个关于雄人鱼的诗剧《阿格妮特和雄人鱼》，说的是一个名叫阿格妮特的妇女遇见一个人鱼男子，并随他一起来到海底，幸福地生活了八年，生了七个孩子，有一天，她坐着哄最小的孩子入睡，听到了地面上传来教堂的钟声，思乡之心遂难以收拾，便离开了丈夫和孩子，回到了人间，皈依教会和上帝，但她最后仍渴望重返深海，并死在通往大海的岩石中间。

得与陶醉；她怀着绝对的信仰和绝对的谦卑，就像路边一朵谦卑的小花；怀着绝对的信任，她将自己的命运交到人鱼的手上。——接下来，听啊！大海停止了咆哮，那骇人的翻腾之声霎时平静下来，那天生的激情——那是人鱼的力量所在——也弃他而去，一切都陷入了死寂。而阿格妮特呢？阿格妮特依然那样望着人鱼——终于，他垮掉了，因为他再也不能抵挡纯真的力量，而他所驾驭的大海也不再忠实于他，也就是说，他无法继续引诱阿格妮特了。他还是将少女带到了自己的家中，但向她解释说，自己只是想让她欣赏一下大海平静时的美，阿格妮特同样相信这话。随后，他重归孤独，大海又恢复了波涛翻滚的状态，但人鱼内心的绝望比海浪翻滚得更狂乱。他可以引诱阿格妮特，甚至是一百个阿格妮特；他能迷倒所有女孩——但最终胜出的却是阿格妮特。人鱼失去了阿格妮特。只有作为人鱼的猎物才能和他在一起。而反过来，任何一个少女都不能独享他，因他仅仅是个人鱼。这里，我允许自己稍稍改变了人鱼这一形象。* 事实上，我所描

---

　　* ［约翰尼斯原注］还有另外一种处理这个传说的方法。人鱼并不打算勾引阿格妮特，虽然他曾将无数少女勾引到手。他不再是一条人鱼，或者说——如果你愿意这么想——他是一条长久地坐在海底、以叹息度日的可怜人鱼。他明白（正如那传说所讲述的一样。［中译按］事实上，欧洲的雄人鱼传说并没有这个细节。这种说法可能来源于传统童话"美女与野兽"：王子被施魔法变成野兽，只有得到一个纯真少女不在乎外表的爱才能恢复人形），只有纯真少女的爱情能拯救他。然而，他对少女们心存惧怕而不敢接近。某天，他看到了阿格妮特。多少次，他隐藏在苇叶蒲丛之中，看着阿格妮特在海岸徜徉。她的美丽、她的宁谧与沉静令他为之倾倒。但他的灵魂满溢着悲伤，这抑制了所有野性的欲望。苇风吹送着人鱼的叹息，这令阿格妮特凝神谛听。她随之陷入冥想，那神情比任何女子都更让人赏心悦目，活脱脱一个救赎的天使——这激起了人鱼的信心。他终于鼓起勇气靠近阿格妮特，并赢得了她的爱情。他希望自己获得拯救。然而，阿格妮特只是表面沉静而已，

述的阿格妮特也有所不同。在传说中，阿格妮特绝非清白——一般而言，说女子在勾引之类的事件中完全没有责任，和说她完全是卖弄风骚自作自受一样，都纯属一派胡言。在那个传说之中，阿格妮特是——用现代的方式表达——一个时时渴慕"趣味"的女子。而我们几乎可以肯定，如此情形下，必定有一条人鱼正在近海游弋：他正张开那饱经风浪、无所不察的眸子寻觅此类女子，正像鲨鱼寻觅猎物一般。人们愚蠢地认为（我怀疑这是雄人鱼蓄意放出的谣传），那所谓的心机可以让少女们免受勾引。不，生活

她其实正沉醉于大海的咆哮。海边的那声悲叹之所以吸引她，因为在叹息声的衬托下，大海的咆哮在她胸中变得更加凶猛。她随时愿意抛弃一切，和她所爱的人鱼一起疯狂地奔向无限——于是，她开始怂恿人鱼并嘲笑他的自卑。终于，人鱼的骄傲被唤醒了。大海咆哮，海浪翻滚起骇人的波涛，人鱼抱起阿格妮特，纵身跃入海底。人鱼从未如此狂野，从未如此满怀着欲望。因为这女孩让他看到了获得拯救的希望。没过多久，人鱼已经厌倦了阿格妮特，而后者也不知所踪。她变成了一条美人鱼，用自己的歌声诱惑男人们。（［译按］这个改写是一则关于俗世情爱的绝妙寓言。男人勾引女人，女人欲拒还迎，并从此丧失了本来就不完美的"纯洁"。不久，两人相互厌倦，那个已经变得不纯洁的女人开始主动引诱其他的男人。《重复》中［前揭，页102－103］的人物康斯坦提乌斯也曾表示："在这个领域里，一旦情况发生，一个一个的姑娘皆会毫无害羞地使用连勾引家也不愿使用的骗术……［为年轻人考虑，这样的姑娘应该仅仅靠一颗黑牙来辨认，不，她的整张脸都应该是绿色的。但这或许要求太过，那样，一定会有不少的绿姑娘。］"［ ］中的话定稿时被基尔克果删除。）

本身更公正。只有一种自我保护的方式有效果，那就是纯真。[193]

现在，让我们赋予雄人鱼以人类的意识。让我们设想，他之所以成为一条人鱼，正揭示了他前世的生活，揭示了他曾被卷入其中而丢掉人类身份的灾祸。[194] 没有什么能阻止他成为英雄，为了这一目标他正步步为营地前进。阿格妮特拯救了他。在这里，勾引者最终被纯真的力量所降服，而人鱼从此再也无法引诱别人。但随即，两种力量宣布对他的统治：悔愧与同阿格妮特不可分离的悔愧。若是悔愧单独支配了人鱼，他将照旧选择隐匿；若是悔愧和阿格妮特一起支配了他，他将袒露自身。

如今，悔愧单独钳住了人鱼，他依然处在隐匿之中，于是，他一定会令阿格妮特感到不悦，因为后者以自己的全部纯真爱着人鱼，信赖着人鱼，哪怕人鱼的突然变化她早已看在眼里——虽然人鱼试图掩饰，虽然他说自己只是想让阿格妮特欣赏一下大海宁静的美。可是，由于激情的作用，在这一过程中，人鱼实际上更为不悦，因为，他曾以千重的激情深爱着阿格妮特，这样的变

---

〔193〕 类似的观点参见基尔克果《百合·飞鸟·女演员》（京不特译，华夏出版社，2004 年）中的"原野里的百合和天空下的飞鸟"。基尔克果在《重复》（前揭）中有一段话，语意虽有不同，也可对读之：

> 我记得有一次在街上看见一个保姆推着一辆婴儿车，里面有两个孩子，一个还不满周岁，躺在车里睡得死死的，另一个小姑娘约两岁模样，长得又圆又胖，简直像个小夫人……突然，一辆大车飞速驰来，婴儿车眼看要罹难，人们纷纷跑过去，这时，只见一个急转弯，保姆把车子推进了一个门洞。所有的过路人都惊恐万状，我也不例外。自始至终，那位小夫人坐在那儿没事儿似的，一直冷漠地挖着鼻孔。她大概寻思：这一切都是保姆的事儿，跟我有什么关系。这样的英雄壮举你在成人中根本找不到。

〔194〕 参见"美女与野兽"的童话。

化会让他对自己的激情感到内疚。悔愧那魔性的一面会告诉他，这就是必将降临于他的惩罚，因此，折磨越深，对他就越有益。

倘若人鱼屈从于这魔性的可能性，他或许会再一次尝试挽救阿格妮特，为此，他将从某种意义上求助于恶魔之力。他知道，阿格妮特爱着他，只要他能将她心头的爱恋彻底驱散，她就将安然无恙。但怎么能做成这事儿呢？人鱼当然可以料到，彻底坦白自己的内心将激起她的厌恶。也许，他将试图唤醒阿格妮特身上所有黑暗的激情，他将斥责她，嘲弄她，奚落她所谓的爱，如果可能的话，还要煽起她的骄傲劲儿。人鱼本人不逃避任何折磨，因为，在魔性之中有着深刻的矛盾：在某种意义上，魔性之人身上所葆有的善好要无限地多于浅薄简单之人。[195] 阿格妮特越是自私，就越容易上当（只有毫无阅历者才会认为天真的人最容易上当；生活本身更富有深意：在生活中，精明者最容易让另一个精于算计的人上钩），但同时人鱼所承受的痛苦也越深。人鱼的骗局设计得越是精巧，阿格妮特就越无法羞怯地向他掩饰心中苦楚；她将想尽一切办法——而且也必将有所成效；我的意思不是说，阿格妮特将动摇人鱼的决心，而是说，她要想尽办法折磨他。

借助魔性之力，人鱼将立志成为孤独个体，他将作为特殊性而高于普遍性。魔性拥有和神性一样的特权，个体可进入与它的绝对关系之中。这是我们所讨论的那个悖谬的类似物或摹本。两个例子之间的相似之处也许会让人误会。人鱼显然可以证明自己沉默的正当性：他这么做是为了独自承担痛苦。毫无疑问，人鱼

---

〔195〕 此处"魔性"大概指，靠着美学层面而非信仰层面的沉默或谎言而拒绝普遍性成为个体的方式。此句令人想起波兰女诗人辛波斯卡的诗句"我偏爱狡猾的仁慈胜过过度可信"（辛波斯卡《万物静默如谜》，湖南文艺出版社，2012，陈黎、张芬龄译，页128）。

可以打破沉默。如果他开口，他完全可以成为一个悲剧英雄，一个在我看来绝对上得了台面的英雄。[196] 也许只有少数人理解至高至伟的真正内涵。*而他此刻必将会理解这个词；他将决然地停止自欺，不再相信能通过自己的花招让阿格妮特感到欢悦；老实说，他将第一次有勇气让阿格妮特心碎。此处我想插入一段心理分析。我们将阿格妮特这一形象加入愈多自恋的元素，那自我欺骗就会愈发有效。事实上我们不难想象，靠着自己那魔性的狡黠，人鱼不仅可以在现实中拯救阿格妮特，而且还能从她身上激发出某些异乎寻常的东西。恶魔懂得如何逼出最孱弱者潜在的力量，因此，他以自己的方式对人类抱有良好的意愿。

人鱼站立在辩证的巅峰。若是他被魔性的悔愧所拯救，将有两条道路摆在他面前。首先，他可以悄悄退出，继续隐匿自己，而不再希望靠着狡黠来得到什么。如此一来，他就不再是与魔性

---

〔196〕 人鱼之前不愿坦白只是出于美学上的原因，只是怕阿格妮特瞧不起他。此处人鱼的处境类似于前面德尔斐故事中的新郎，当然新郎并没有求助于魔性之力。

* 〔约翰尼斯原注〕美学有时会以其惯用的故弄玄虚来处理类似的主题。雄人鱼因阿格妮特而得到拯救，一切由一场皆大欢喜的婚姻作结。幸福美满的婚礼！好吧，这幸福确实唾手可得。可是设想一下，假如我们邀请伦理来做婚礼发言的话，整个气氛马上会为之一变。美学抛给人鱼一件爱的斗篷，然后便对一切视而不见。它轻率地假定婚礼就如同一场竞拍，靠着那一锤子买卖我们可以将一切贩卖出去。它在乎的仅仅是爱侣们的终成眷属，其余的一切都可以糊弄。要是它能看看后来发生的事情就好了！但它得赶时间呀，它正心急火燎地忙着去撮合另一对儿呢。美学是所有学科中最无信仰的。谁要是中了美学的招儿，他就不会得到幸福；而从不接近美学的人则将始终是 pecus〔牛，或木头脑袋〕。（〔中译按〕此处又一次透露出基尔克果对美学悖论式的态度，虽是他"人生道路三阶段"的"最低"一级，却有着极为特殊的、甚至比伦理阶段更能直通宗教的可能性。）

有绝对关系的孤独个体了，他反而会对那相反的悖谬怀有希望，也就是说，希望神性能拯救阿格妮特。（这正是中世纪的人们做出跃迁的途径，若是生活在那个时代，怀着同样观念的人鱼一定早就归隐修道院了。[197]）另外一条道路则是阿格妮特对人鱼施以救援，不过，该道路不能被理解为：阿格妮特的爱情可以拯救人鱼，使得他不再成为一个引诱者（这是美学救援的通常手法，它总是忽略一个重要的问题，即人鱼生活的连续性）。从那方面考虑的话，人鱼实际上已经得到了拯救。只要他祖露自身，他就能获得拯救。于是，他将迎娶阿格妮特，但他仍需求助于那悖谬。因为自己的罪过，他作为个体被逐出普遍性；想要作为一个特殊性重返的唯一路途，就是借助于某种力量进入与绝对的绝对关系之中。此处，请允许我再插入一段评论，它将比之前的所有讨论都走得更远。* 罪愆并非最初的直接性，毋宁说它是滞后的直接性。在罪愆中，个体依凭魔性悖谬而高于普遍性，因为在后者的辖域里，想要强加普遍性于那些缺乏 conditio sine qua non［必要条件］的人是一种矛盾。[198] 倘若哲学——暂且抛开它其余的那些自以为是

---

〔197〕　基尔克果后来曾一再表示（尤其是在《附言》中），对于将自己与"绝对的终极目的"联系在一起这一目的而言，流行于中世纪的修道院式跃迁是一种错误的、"过于笼统"的方式。

*　［约翰尼斯原注］到目前为止，我谨慎地避免了所有对罪的意识和它的现实影响的讨论。我将一切都聚焦于亚伯拉罕，这个人物仍可能以直接性的范畴来处理，至少我本人可以借此对他增加一些理解。然而，一旦罪愆意识出现，伦理就会在悔愧这一问题前徒然悲叹。悔愧是伦理表达的最高形式，因此，它也是伦理最深刻的自相矛盾。

〔198〕　基尔克果将缺乏达至最高之善的必要条件这一情况等同于"遗传的"罪孽。在这一情况里，对陷入魔性的个体而言，解救之途是与"终极目的"建立联系，而不是成为普遍性的一员。

之见——竟幻想有人真的会去实践其格言的话，最古怪的喜剧就会因此而开演。忽略罪愆的伦理会沦落为毫无意义的死规矩，然而，一旦伦理纳入了罪愆，它就 eo ipso［从此］跳出了自身的辖域。哲学告诉我们，直接性需要被其他概念所顶替［ophœvet］。此话不假，但若是再去进一步断言，说罪愆和信仰一样都是毫无疑问的直接性，那就是一派胡言了。[199]

在目前的领域里，一切进行得平稳顺畅，但这些讨论依然无助于我们解读亚伯拉罕。亚伯拉罕成为孤独个体并非经由罪愆之路，相反，他是上帝选中的义人。由此看来，所有关于亚伯拉罕的类比都流于表面，除非个体有能力重返普遍性——但这样的话我们又回到了那个悖谬的起点。

因此，我能够理解雄人鱼的跃迁，但却无法理解亚伯拉罕。为了实现普遍性，人鱼求助于那悖谬。倘若他仍旧自我隐匿，悄悄地将自己交付给悔愧并承受无尽的折磨，他就将成为恶魔并一无所获。倘若他仍旧自我隐匿，但不再抱有通过自己在悔愧中所经历的痛苦来挽救阿格妮特的侥幸想法，那么他将寻得安宁，虽然这同时也意味着他不再属于有限世界。倘若他袒露自我，将自己交给阿格妮特来拯救，那么，他就是我所能想象的最崇高者。[200] 也许只有美学才会不负责任地去颂扬爱的力量，其理由

---

〔199〕 本段关于"罪"的议论在书中或有重大意义，参见"附录"之"《恐惧与战栗》究竟说了什么？"。

〔200〕 约翰尼斯为人鱼开列的以上三种选择里，第一种选择是前面他所叙述的故事中人鱼的选择；第二种选择即他在前文和后文都曾提到的归隐于修道院的道路；第三种选择相当于在做出无限弃绝跃迁后再重新把握住现实——即"心曲初奏"中所谓信仰之跃迁。当然约翰尼斯还指出了两个故事中一个很重要的不同点：在亚伯拉罕的故事中并没有罪愆的位置。

是：一个迷失的男人因为一个纯真女孩的爱而得到拯救。只有美学才会错将那女孩——而不是人鱼——当成英雄。人鱼不能为阿格妮特所拥有，除非人鱼在做出了悔愧的无限跃迁之后，又凭借荒谬之力做出更进一步的跃迁。对于悔愧的跃迁来说，他的力量是足够的，但也基本上完全耗尽了。因此，凭借人鱼自己的力量重返并紧握现实是不可能的任务。如果你缺乏充足的热情来完成以上两个跃迁里面的任何一个，如果你就此悠闲度日、毫无悔意，放心地认为一切都将各归其位，那么你就算是彻底放弃了在那理念之中生活的可能。于是，对你来说，达至那最高者同时一并帮助别人达至那最高者，都成了轻而易举之事——就是说，你用如下想法来蛊惑别人欺骗自己：精神的世界不过是一场 Gnavspil[纸牌游戏]，所以人人都得耍耍心眼儿。仔细想想下面这奇怪的情形，恐怕大家都会禁不住莞尔一笑：在我们的时代，每个人都能达至那最高者，但对灵魂之不朽性的怀疑依然广为散布。事实上，只要人们能够完成无限之跃迁——当然得保证他完成这一跃迁时的真诚性——他就不会再成为一个怀疑论者。激情的决断是唯一值得信赖的决断，[201] 也就是说，是唯一令人心悦诚服的决断。幸运的是，生活本身比智者们怀有更多善意与挚诚：它不抛弃任何人，哪怕是最最卑微者；它不哄骗任何人，因为在精神世界，只有自欺者才欺人。进入修道院并非最高的选择，这一观点应该为众人所接受，而且这也是我自己的判断——真希望我敢于

---

〔201〕 参见基尔克果在《附言》中所论述的主观真理说："一个生存着的个体所能企及的最高真理就是：一颗最富于激情的心灵在沉迷过程中所紧紧把握住的客观不确定性。"（Kierkegarrd, *Concluding Unscientific Postscript to the Philosophical Crumbs*, Cambridge University Press 2009, edited and translated by Hannay.）

坚持自我。但是，我绝不会由此得出如下结论：与那些在修道院中寻得安宁的、深邃而热诚的灵魂相比，我们这个无人再去修道院的时代更为伟大。如今，究竟有几个人有足够的热情去思考这类问题？究竟有几个人敢拍着胸脯保证自己思考时的真诚呢？这类问题折磨人们的良知，它所包含的隐秘思想需要用不倦的坚韧去孜孜寻求，恐怕没有多少人能在每一刹那凭借人类最神圣而高贵的力量——这力量可以经由苦闷与惊悸之路来发现*——完成那跃迁，并且通过苦闷（如果没有其余的什么）唤醒那潜藏在每个人生活中的幽暗激情（人们往往会在长久的社群生活中淡忘或回避这激情，但它从不会消失殆尽，且时刻准备回归）——因此，对于那为数不少的自以为达至最高处的个体来说，我们可以用这类问题（只要以良好的理解力来把握它）来挫挫他们的傲气。但这些问题似乎无法进入同代人的法眼，他们总是自以为爬上了高处，但实际上，没有任何一个时代像当今之世一样，会让如此之多的人成为滑稽剧的丑角。让我感到诧异的是，这个时代为何没有根据 generatio œquivoca［自然发生说］诞生一个恶魔般的英雄，他会冷酷地将整个时代化为一阵骇人的狂笑，同时又不让当代人

---

* ［约翰尼斯原注］在我们这个严谨的时代，没有人相信这条道路；不过应该提请大家注意，即使是在那个据说极为轻浮且缺乏持久反思精神的异教时代，两个希腊人——他们都是 gnothi sauton［认识你自己］这一思维路径的代表人物——仍各自以自己的方式阐明了这一观点：如果一个人能深入到自我的思想之中，他将第一个也是最重要的发现就是为恶的意念。恐怕不用我提醒读者们已经猜到，这两人正是毕达哥拉斯和苏格拉底。

意识到，那狂笑所嘲讽的正是自己。[202] 人们在 20 岁出头就已经达到了最高点——这样的时代和它所推崇的生活难道不值得大大讥讽一番吗？人们不再去修道院修行，但这个时代能产生什么更高深的运动吗？坐在首席之位，渐渐地让人们相信他们已达到最高处，同时狡猾地劝阻人们不再去为任何低级的事物而努力，这难道不是一种卑劣的心计、一种怯懦与胆小的行径吗？那些已经进入修道院的人只剩下一个跃迁需要完成，就是说，只剩下荒谬之跃迁。多少当代人理解何为荒谬？多少人以弃绝一切或得到一切的方式去生活？又有多少人拥有最基本的自知之明，能谨记自己姓甚名谁和自己的能力所限？假如这样的人确实存在，那么我们恐怕只能在低学历者或妇女中间找到其身影。[203] 正如身染魔性

---

〔202〕　参见基尔克果《或此或彼》（华夏出版社，2007，阎嘉译，上部，页 37，译文有改动）：

> 在一家剧院，碰巧后台起火了。小丑出来对观众讲话。他们认为这是一个笑话，并鼓起掌来。他又告诉他们，他们依然欢闹不止。我想，这是世界将被毁灭的方式——在才子们和小丑们普遍的欢闹声之中，谁都认为这只不过是个笑话。

〔203〕　所谓"弃绝一切或得到一切的方式"的生活方式当指信仰骑士。基尔克果在这里暗示"低学历者或妇女中间"会有信仰骑士。但在前文中，约翰尼斯却总是把寻找信仰骑士的目光投向云端的亚伯拉罕，投向那些在世俗中如鱼得水的人，那些功成名就者，那些拥有地位、身份或财富的幸运儿，那些资本家和中产市侩，那些声名显赫的悲剧英雄——他是否曾低下自己的头观察过底层的人呢？那些社会中的下等人，那些流浪汉、仆人、手艺人，那些失意者和失业者，那些默默无闻之辈，那些从不被浅薄而势利眼的舆论和聚光灯所关注过的人，旁观者约翰尼斯是否曾向这些在阴影中的人投去过哪怕一瞥的目光？他是个合格的、有洞察力的寻找者吗？他能否真的理解他们的生活而不是作为一个旁观者去猜测？他能否真正感受那些最平凡之辈身上所具有的常人难以发现的伟大信念？——也许，约翰尼斯的这些"错误"是基尔克果特意暴露出来的？

者总是在不自知的情况下便将自己袒露，我们这个时代是在毫不知晓的情况下就"洞察"了自己的缺陷——喜剧性在此早已呼之欲出。如果想要满足这个时代的需要，剧院就该上演一部新戏，在戏里，一场为了爱情的牺牲会被处理成一出笑剧——或者，此类不同寻常之事的发生难道不会对我们这个时代有所裨益？见证其发生，难道不会让同代人至少相信一次精神的力量，难道不会让他们中止对更高的精神搏动的残忍压制，即那以笑闹为手段的充满妒意的压制？这个时代莫非必须通过对狂热者的夸张 Erscheinung〔展示〕才能找到笑料？抑或，这个时代也许需要一个狂热的人，为的是提醒自己想起那些早已遗忘的事物？

倘若有人需要一个与人鱼故事类似但由于悔愧的激情未被唤醒因而更为感人的例子的话，他可以去看看《多比传》。[204] 年轻

---

〔204〕《多比传》（又译为《多俾亚传》，多俾亚为多比的儿子多比雅的又一译名），《旧约》的"次经"中的一篇，在犹太人的重要经典《塔木德》及其他拉比文学里，它被引用过几次。该篇经文先是叙述犹太义人多比的经历：他被充军到尼尼微，因为埋葬当权者所屠杀的以色列人而被没收财产；后在亲人的求情下好不容易重得钱财，却又因为鸟粪落入眼中而失明；随后，他又与妻子亚拿发生争吵，心灰意冷的他祈求神明收去他的性命——而在同一时刻，远在玛代的伊克巴他拿城里，有一个叫撒拉的女子也在对神祷告：她被恶魔附身而失去七任丈夫，不断遭受的冷言蜚语的压力使她祈祷求死。天上的神听到了多比和撒拉的祈祷，派天使拉斐耳去帮助他们，因为他们都是忠贞信神的人。拉斐耳的使命将是：让多比重见光明；让多比的儿子多比雅与撒拉巧结良缘，因为多比雅是撒拉的表兄。后来，多比雅遵父之命前往玛代收回自己的钱款，天使拉斐耳与之同行，途中在底格里斯河边时多比雅遭大鱼攻击，在拉斐耳的指导下将鱼胆、心和肝保存起来。到达伊克巴他拿城后，拉斐耳助多比雅成功地向拉格尔的女儿撒拉提亲，拉格尔坦白了女儿的悲惨经历，但多比雅并没有改变心意。是夜，多比雅借着拉斐耳的指示燃烧了鱼的肝和心，那烟赶走了恶魔。另一边，拉格尔本已为多比雅备好墓穴，听说多比雅安然无恙的消息后，便命人填好墓穴准备婚宴。多比雅完婚后回到父亲家，用鱼胆使父亲复明。多比活到了一百二十岁。后文括号中为《多俾亚传》的章节号，引文为《多俾亚传》的中译文（人名均改为《多比传》版本的译法）。

的多比雅希望迎娶拉格尔和埃德娜的女儿撒拉，但后者却是一个
为悲剧所浸润的女子。她曾七次订婚，然而七个男人均还没等到
圆房便死去了。按照我的想法，这故事情节中有一个瑕疵：一个
女孩七次徒劳地想要结婚，每次都接近于成功，这里面有某种不
可抗拒的喜剧性效果，就如同听到一个连续七次在末考中挂科的
学生一般。《多比传》一文并未在这里发出其重音，不过它确实强
调了"七次"，其目的是为了增加悲剧的效果——该数字是为了渲
染青年多比雅的高尚胸怀和巨大勇气，这首先是由于他是父母的
独子（6：14），其次是由于他所受到的威胁是如此之大。然而我
讨论的并不是多比雅。在故事中，撒拉是个从未真正恋爱的处女，
她仍然在神明对少女的福佑中成长，并将自己生活中最宝贵的东
西、将她 Vollmachtbrief zum Glücke ［对幸福的全权委任状］[205]

---

[205]　参见席勒的诗作《忍从》第三诗节（《席勒文集 I 》，人民文学出
版社，2005，钱春绮译，页 25 – 29）：

　　　　　我已站在你的昏暗的桥上，
　　　　　　令人恐怖的永劫！
　　　　　请你收下幸福的全权委任状！
　　　　　我没有拆开，再送回你的手上，
　　　　　　我不懂幸福喜悦。

席勒在这首诗中也借永恒的守护神之口表达了对信仰的看法——其观点
与基尔克果对信仰骑士弃绝一切又得到一切的描述有几分相似：

　　　　　人子们，听着，有两种花在开放，
　　　　　专供那些聪明的发现者欣赏，
　　　　　　它们叫做希望和享乐。

　　　　　如果摘下二者中的一枝花，
　　　　　　另一枝就得放弃。

——即全心地爱一个男人的能力——全都抵押了出去。然而，她却成了最不幸的人，因为她知道，那爱上她的邪魔将在新婚之夜杀死她的新郎。悲剧故事我读过不少，但我猜没有任何人的伤痛能比得上这位少女。不幸来袭时人们总能适时地找到安慰，生活若是不能给予一个人他所想要的幸福，那贴心的宽解稍后就会奉上。但是，最深不可测的不幸就是无论怎么做都无能为力的意识——这是时间无法化解也无法愈合的伤痛。一位希腊作家曾说（他在自己粗糙的 naïveté 中藏匿了太多东西）："pantos gar oudeis Erota epfugen i feuksetai mechri an kallos i kai ofthalmoi Bleposin［天下实难有人能摆脱爱情，只要依然有美和欣赏美的眼睛］。"（参见 *Longi Pastoralia*）[206] 无数少女曾在爱情中遭遇不幸，但她们是渐渐变为不幸的，而撒拉呢？在不幸到来之前，她就一直身处不幸之中。找不到可以奉献一生的对象已足够艰难，但语言无法表述的艰难则是：无法将自己奉献出去。年轻女孩将自己委身于某

> 不能信者，就享乐。这句古话
> 像世界一样永久。能信者，克制吧！
> 　最后审判总结一部世界史。
>
> 你有了希望，酬劳已付给了你，
> 　信仰就是实现了的幸福。
> 你可以去请教贤士，
> 瞬间使人蒙受的一切损失，
> 　永恒绝不给予补偿。

〔206〕　此话引用自隆古斯（Longus）的作品集。隆古斯是生活于4 – 5世纪的希腊智者学派成员，田园诗（Pastoralia）《达芙妮和克洛埃》（*Daphnis and Chloë*）的作者，该作品曾被改编为电影、芭蕾舞剧等，它讲述了达芙妮和克罗埃的故事：他们是一对相亲相爱的青年牧羊人和牧羊女，从小被遗弃在莱斯博士岛上，被善良的老牧人抚养成人。

人，随后便不再拥有自由。而撒拉则从未拥有自由，从未委身于人。一个少女委身于人然后发现自己为爱情所欺骗，这已足够艰难，但撒拉呢？她在委身于人之前就已经被骗了。当多比雅最终决定要娶撒拉时，即将到来的一切将会是怎样的悲剧啊！那会是怎样的结婚典礼，又会经过怎样的准备！没有女孩儿像撒拉那样受骗：她被骗去了一切之中最神圣的东西，那即使最穷苦的女子都拥有的纯粹财富。她被骗去了安全感，骗去了自由和无拘无束的状态，还有那自主决定将自己奉献并委身于人的权利。接下来，首先要有的是一场涤罪仪式：将鱼心和鱼肝置于香火的余烬之上。然后，当母亲与女儿告别，那是怎样的临别语啊！女儿已经在魔鬼的骗局中一无所有，却必须继续欺骗自己的生母埃德娜和她最美好的财富。您自己去读读吧。埃德娜将房间收拾停当，将女儿撒拉带进去，然后便泪如雨下。虽然如此，她还没忘了替女儿拭去泪水，并对她说："女儿，你放心！愿天上的大主使你变忧为喜。女儿，你放心吧！"于是婚礼正式开始。如果可以的话，请含着泪继续读下去吧："人们出去以后，他们俩关上了房门，多比雅便从床上坐起来，对她说：'妹妹，起来！我们一同祈祷，祈求我们的上主，在我们身上施行仁慈和保佑。'"（8：4）。

倘若一个诗人读到这个故事并决定以之为创作素材，我敢押最大的注打赌：他一定会重点渲染年轻的多比雅。后者敢于冒着生命危险去尝试那明白无误的诅咒，这也是经文所不断提醒我们的一点。婚礼后的那天早上，拉格尔对埃德娜说："你打发一个女仆进去看看他是死是活，假如他死了，我们马上埋了他，不让外人知道。"（8：12）——如此的英雄主义总是诗人们乐见的主题。在此，我斗胆改变一下。的确，多比雅表现出了他的侠肝义胆，但是，任何缺少此种勇气的男人，都不懂得爱情的真义、男人的涵义和生活的意义，他只配去做一个奶油小生。这样的人不懂得下面的秘密：给予比接受更美好。他当然也注定与那个更大的秘密素昧平生：接受事实上远比给予艰难，因为它意味着一个人具备了毅然面对虚无的勇气，意味着一个人在需要之时没有懦弱地躲避。不，撒拉才是真正的女英雄、女主角。她对我的吸引力大过我曾见到过的任何姑娘，她对我思想的诱惑也胜过所有我读过的书中少女。从一开始就成为残缺者（且她自己并没有任何过错），从生命的开端便成为失败者的范本，可是她依然渴望上帝的治愈，这其中蕴含着对上主怎样的爱！敢于担起如此重大的责任，敢于让自己的所爱去尝试那危险的行为，这其中蕴含着怎样成熟的伦理意识！她在那个人面前是多么谦卑！她将自己的一切都托付给他，并且决不对他心生愠怒，这是对上帝怎样的信仰！[207]

若是让撒拉这一角色变成一个男人，魔性就会翩然而至。高傲而矜贵的心性忍受得了一切，只有一个例外：它无法忍受怜悯。同情所包含的侮辱，对于高傲者来说，只有来自上苍才可以接受。就他自己而言，他绝不愿意成为怜悯的对象。若是他犯下罪过，他可以默默忍受惩罚而毫不绝望。但是，被命运从人群中挑选出来成为

---

〔207〕 以上这几个感叹句是对《多比传》中撒拉的赞美。"接受事实上远比给予艰难"，正如约翰尼斯所言，撒拉敢于接受这样常人难以想象的命运。更让常人难于想象的是，她依然怀着幸福的期待，依然敢于一次又一次地走向婚姻的殿堂（"让自己的所爱去尝试那危险的行为"）；她不齿于别人尤其是未婚夫的同情（"她在那个人面前是多么的谦卑……并且绝不对他心生愠怒"），这一点也和下一段所说的高傲形成对比。另外，《多比传》的撒拉与亚伯拉罕的相同之处在于，他们都出于信仰而相信明显违背常理的事实，因而都与伦理形成了对立之势：撒拉相信自己的下一次婚姻会美满，亚伯拉罕相信自己不会失去以撒，但两个故事也有明显不同：《多比传》中撒拉的父亲事先向多比雅说出了真相，而亚伯拉罕却没有向任何人说出事实。

备受哀怜的典型，成为怜悯之鼻翼所捕捉的一缕芬芳，这是他无论如何不能忍受的。怜悯具有它古怪的辩证法，它一忽儿要求对罪的愧疚，一忽儿又要求废弃这愧疚。因此，命定成为怜悯的对象多么可怕，想到个体精神向度上将遭受的不幸，这可怕更是无以复加。然而罪恶感却从不会找上撒拉，她注定成为受难之灵所捕获的猎物，而她最大的受难当然就是同情之折磨。因为，即使是我——我对撒拉的崇敬之深甚至超过多比雅对撒拉的爱——在提到她的名字之时，也会情不自禁地说"那可怜的姑娘！"让一个男人来替换撒拉，让他得知：假如他爱上一个姑娘，恶灵就将在他们的新婚之夜出现并杀死他的爱人——那么，他几乎一定会转身踏上魔性之途，将自己封闭于自我之内，然后——这是魔性心灵通常的方式——在内心嗫嚅道："谢啦！我可不是狂欢与忙乱的友伴，我也不执着于爱的欢悦，我可以干脆做一个蓝胡子，和他一样，看着新娘们一个个死于新婚夜，并把这当成乐事。"[208] 通常情况下，人们对魔性总是鲜有耳闻，然而魔性之域在我们的时代放射着奇异光彩，等待着发现的眼睛。一个观察者若是懂得如何与魔性建立亲善之约，就可以——这样说大致不差——把任何人当作魔性的实例。在这方面，莎士比亚曾是并且将始终是一个专家。莎翁以无与伦比的才华所刻画的最让人厌弃的恶魔、最最具有魔性的人物，就是葛罗斯特（即后来的理查三世）。这个人物如何踏入魔性之域？谁都能看出来，他是因为无法忍受孩提时代就不断加诸己身的怜悯。《理查三世》第

---

〔208〕 蓝胡子（Barbe - Bleue），法国诗人夏尔·佩罗（Charles Perrault）所创作的童话，同时也是故事主角的名字。蓝胡子也译为青须公，他家道富有，长着难看的蓝色胡须，连续杀害了自己的六任妻子。后人们用其指代花花公子、乱娶妻妾的人和虐待老婆的男人。曾经收录在格林童话的初回版本里，但是第二版之后被删除。

一幕中他的独白，其价值胜过所有的道德体系，它深藏着对存在及其本质的可怕洞见：

> 我，由粗陋模子打造，毫无情人之华仪
> 岂敢在嬉戏闲荡的宁芙前昂首而行；
> 我，被褫夺了匀称身形与堂堂姿容，
> 被装聋作哑的造化之神随意诓瞒，
> 扭曲变形，残缺不整，还未到时候
> 便被当成半成品抛进这真真儿的世界，
> 如此蹩脚不堪，如此不招人待见
> 即便路遇野犬，迎接我的也是狺狺而吠……〔209〕

　　面对这样的人物，我们无法将他们与社会观念相调和，无法经由中介来拯救他们。伦理只能开开他们的玩笑，正如它会嘲弄撒拉说："你何不表现普遍性并继续结婚呢？"这些人物自打存在之日便深陷悖谬，并不是因为他们不如别人完美，而是因为那魔性悖谬诅咒了他们，要么就是，那神性之域收管了他们。女巫，精怪，家神，人们从古至今都乐于将他们想象成身体畸形者，而且不可否认的是，每当看到畸形的人，我们都会不由自主地设想他们在道德上也具有某种扭曲性。唉唉，这是天大的不公！他们本来不该被如此造就。是生活本身将他们腐蚀，正如孩子在后娘的虐管下渐渐变得顽劣一般。由于生而有之的天性或历史境遇的捉弄，他们一开始就被驱逐出了普遍性而进入魔性之域。作为个体，他们难道有什么可以指摘

---

〔209〕　基尔克果应该不懂英文，其引用的应当是德文版。此处译文参考了梁实秋、方重等人的译本。

的地方吗？以此来评断，康伯兰笔下的那个犹太人——就算考虑到他的善行——注定是个魔性之人。[210]　魔性还能通过对他人的蔑视来表达自身，但需要注意的是，此蔑视并不会让陷入魔性者行轻辱之事，相反，魔性者的力量体现在，他知道自己比那些评断他的人更为高级。——以上之种种，必然会引起真正诗人的思想震颤。那些年轻的打油诗人们，他们现在都读些啥？恐怕只有上帝才知道。也许他们唯一的学习就是埋头背诵韵脚。对于他们来说，生活中最紧要的事儿是啥？恐怕还是天知道。嘘！要我说实话吗？告诉你吧，他们除了提供一些关于灵魂不朽的靠谱证明之外，其实啥都不会！就此而言，我们可以毫无顾忌地引用巴格森对那个小镇诗人基勒瓦勒（Killevalle）的评论："假若他能流芳百世，那么，我们全都能。"[211]　——上面我们关于撒拉所说的一切，动用了所有诗性的笔触，目的是吸引真正的想象力，希望它能体悟到故事的完整意义——哪怕是出于心理学的趣味儿——能体悟到下面这句古语的

---

〔210〕　指英国剧作家、诗人康伯兰（cumberland，1732—1811）的名剧《犹太人》（*The Jew*）。该剧作于 1794 年，在 1795—1834 年间频繁地上演于丹麦皇家剧院。其主角为犹太人莎瓦（Scheva），他以吝啬鬼和高利贷者的形象示人，备受嘲弄，但私下里却广散善款。该剧最后一幕里，人们在得知真相后将莎瓦称为"寡妇的朋友，孤儿的父亲，穷人的保护人，庇佑世界的慈善家"。该剧的上映大大扭转了人们对犹太人的偏见，这偏见因为莎士比亚的《威尼斯商人》而广为流布。《歌德谈话录》中也曾提及歌德对康伯兰这一剧作的喜爱。约翰尼斯此处是说，虽然最后人们得知了莎瓦的善行，但之前对他的蔑视和怜悯也足以将他引入魔性之途——因为他天生是饱受偏见的犹太人。此处对魔性者的描述可参考注释 198。

〔211〕　参见注释 191，此处引用的话来自巴格森的诗作 *Kirkegaarden i Sobradise*（Danske Værker，Ⅰ，p. 282，或 http：//www. poemhunter. com/poem/kirkegaarden – i – sobradise/），这首诗讲述了诗人在教堂的墓园中散步并遍览逝者的墓志铭时的感受。该句为诗人看到一个小诗人的墓志铭后的感慨。有意思的是，该诗题目正好用到了与"基尔克果"（Kierkegaard）这一名字极为类似的单词，其意为教堂墓地或教堂庭院。

真正涵义："nullum unquam exstetit magnum ingenium sine aliqua de-
mentia［绝没有不掺杂疯狂的巨大天赋］。"[212] 于是，痴傻就成了
天才在俗世的磨难，是他们的一种表达方式——还可以说，由于
天才本身就带着神性之光，因此必然遭受神意妒恨。在普遍性里，
天才就如同迷途羊羔，必然走上悖谬的小道。在那里，出于对自
身局限的绝望，他们会将自己的巨大潜能看得一文不值——接下
来的选择有两个：要么寻求魔性的再次肯定，并由此弃弃任何神
明与人性的限制，要么出于对神圣性的爱而虔诚地再次肯定自我。
这些话题中所包含的心理学足够一个人专注地为之奉献一生，但
让人纳闷的是，我却从未听说过有关它们的只言片语。疯狂如何
与天才相系？两者之中，是否有一个是由对方构建而成的？从何
种意义和多大程度上，我们才能说天才控制着他自己的疯狂？在
某种程度上，必须说，天才是疯狂的主人，否则——这当然不用
我说——他就会真的成为疯子。进行这方面的观察，除了某种热
爱之外，还要有高度发达的精巧心智。由于观察对象都是具有超
凡天赋的人，这样的观察想必会非常劳神。但记住上面的提醒，
再去拜读那些为人称颂的天才们的作品，就一定会在不经意间有
所发现——当然，有所发现的前提是：劳神苦读。[213]

---

〔212〕 古罗马政治家、作家、新斯多葛（又译廊下派）主义者塞涅卡
（前3—65）援引亚里士多德的话，参见 De tranquillitate animi（《论心灵的安
宁》），Dial. IX，17，10。

〔213〕 上面引用塞涅卡的那句"古语"其实也"说滥了"，比如尼采在
《曙光》中也说道："派给天才的不是盐粒而是疯草籽，凡有疯狂之处也就有
天才和智慧的种子。"然而，基尔克果最后落脚于"劳神苦读"，也就是在强
调对天才作家们所留下的文本的尊重——只有在对文本的细读中，才能找得
到天才与疯狂的真正关系，才能触摸到天才们在魔性与神性这一生死抉择面
前苦心造诣的心路和脉搏。

　　再来考虑另一个案例：一个个体企图以自己的隐匿与沉默来拯救普遍性。为此我将借用浮士德的传说。浮士德是一个怀疑主义者，*一个精神领域的叛教者——他毅然地踏上了肉欲之路。这正因为

---

　　*［约翰尼斯原注］如果有人不待见怀疑者，我还可以提供一个类似的人物，比如，一个反讽者。反讽者锐利的目光总是激愤地逼视着生活的荒唐之处，他对生活之实质有秘密的理解力，能够对时代的病症准确把脉并对症下药。他深谙自己掌控笑之力量的才华，只要他想，就能挥动幽默的大棒杀敌无数功成名就——更重要的是，能获得自己的幸福。他清楚一些不利的传言会闻风而动，但在他强壮的自我面前，它们显然无法兴风作浪。他明白人们偶尔会倾向于严肃的举止——但他更清楚，人们暗地里依然渴望随他一同开怀欢笑。他懂得，当一个女子说话时，可以要求她暂时用扇子遮住脸颊，但他更懂得，在扇子的后面必定是一副笑靥；他懂得扇子并非严丝合缝，上面也许还有无形的题字；他懂得女士们动用手中的扇子拍打他的时候，一定是因为她们理解了他说的话。他比谁都更准确地知道，笑声是如何潜入人们心中并秘密地扎下根来，如何在心中默默生长并布下天罗地网。让我们设想这么一个阿里斯托芬，或伏尔泰，只不过对之稍加改变，让他也具备同情的天性，让他热爱生活，热爱人群，让他明白，在当今之世，以笑为形式的责难有益于那年轻的、仍可拯救的一代，但同样也会有大量的人因之而遭受拷打并趋于毁灭。于是，他保持着缄默并努力让自己忘掉如何发笑。但他有勇气长久缄默吗？恐怕很少有人能意识到其中的难处。大家或许觉得：保持缄默是值得倾慕的高洁品性——就我所知，事实绝非如此。我认为，如果有人不具备保持缄默的高尚品质，他就必然是生活中的不忠之徒。我会提出合理的要求，让这些人表现出高尚品质。但是，就算他瞬间高尚起来，就能长久保持缄默了吗？伦理是个极为危险的学科。也许，正是出于纯粹的伦理学上的考虑，阿里斯托芬才决意让笑声去评断那个黑白颠倒的时代。而美学的高洁则对此无能为力，它的参与无法给这样的冒险提供靠得住的支撑。倘若我们这位虚构的人物继续沉默，他必将进入悖谬之中——再提供另一个脚本：假设，比如说吧，有人暗中掌握了一篇道破某位公众英雄之本质的评论，不过该评论将英雄的一生定义为悲惨的一生。而同时，这位英雄正为整整一代人的心灵提供安稳的栖息地，他的完美断然无人怀疑……（［译按］此段注释再次以一个虚拟的反讽家为例论述"疑难三"的主题：缄默之难。约翰尼斯认为，反讽家们无情地嘲弄他的时代，定是出于毫无人情味的伦理考虑。但单靠美学的高洁品性也不能维持深自缄默的状态——于是就有了对悖谬、对魔性或神性的召唤。）

此，诗人们才对他的故事大感兴趣。每个时代都有它的浮士德，这句话早被说滥了，但诗人们仍旧趋之若鹜，纷纷在那已经踏平的、通往浮士德的道路上留下脚印——让我们做出一点细微的改变。[214] 浮士德是个 kat'eksochen［卓越，从较高的意义上说］的怀疑论者，但他也具有同情的天性。然而，即使是在歌德笔下的浮士德中，我也没有发现那隐藏在怀疑之外表下的内心冲突，没有发现歌德对此有任何深刻的心理学洞见。如今，人人都尝试着去怀疑一切，却没有一位诗人踏上这一思想路径。就算我以皇家证券为奖励，引诱他们写下所有对该问题的经验——我猜，他们能写的内容也不会填满这页书左边的空白。

只有将浮士德整个地向内翻转，让他朝向他自身——只有这样，这位怀疑者才能表现出诗意的元素，只有这样，他才能真正去发掘现实中的种种磨难。接下来，他会明白：维持人之生息的是精神。但同时他也懂得了，人们所希冀的安稳和幸福并不能靠精神的力量去支撑——人们寻求的实际上是毫无反思性的福祉。作为一个怀疑论者，作为那个怀疑论者，他一定已经超越了上面的境界，若有人想要蒙骗他，想让他相信：凭借自身的力量可以将怀疑打破，那他一眼就能看穿这骗局。一个在精神世界做出跃

---

〔214〕 浮士德（Faust、Faustus）原为欧洲中世纪传说中一位著名人物。可能是巫师或占星师，学识渊博，精通魔术，为了追求知识和权力，向魔鬼出卖自己的灵魂。有许多文学、音乐、歌剧、电影或动漫以这个故事为蓝本加以改编，例如歌德的《浮士德》、白辽士的《浮士德的天谴》、古诺的《浮士德》、克里斯多福·马洛的《浮士德博士悲剧》等。从德尔斐故事到雄人鱼故事再到《多比传》最后到浮士德的传说，约翰尼斯像是一个陷入迷狂的乐师，不断地变奏，不断地变换主角，不断地"来一个小小改变"，一方面遥遥对应"调音篇"中的四个对亚伯拉罕的改写，一方面将美学、伦理与宗教的纠纷推演到了顶峰。

迁、特别是完成了无限之跃迁的人，仅仅凭借只语片言就可以立即作出判断：说话者究竟是一个经验丰富的行家，还是一个纸上谈兵的敏豪生。浮士德相信，帖木尔靠着匈奴骑兵所赢得的一切，[215] 他也能靠着自己的怀疑来赢取——让人们的神智因惧怕而狂乱，让整个大地在人类脚下震裂，让他们如鸟兽般四散逃奔，让那震耳欲聋的警报声响彻寰宇。然而，即便他这么做了，依然不能成为又一个帖木尔，因为他手上有思想的委任状。从某种意义上来讲，他的这些所为都具有某种权威性。但是浮士德还有同情的天性，他热爱生活，他的灵魂容不下嫉妒，他知道，一旦触发那可怕的崩坏，他自己根本无法半途中止，而他对赫罗斯特拉托斯式的名声毫无兴趣[216]——他深自缄默，将自己的怀疑包裹在灵魂深处，那小心劲儿，堪比一个深藏情爱的少女，那情爱包含着罪恶意识，在她心底结出秘密的果子。他假装若无其事地与他人保持同一步调，但这样的一致却耗尽了他的心神——于是，他成了普遍性的牺牲品。

---

〔215〕 帖木尔（1336—1405）是帖木尔帝国的奠基人。其名字的突厥语和蒙古语变体意为"铁"。Tamerlane 是西方的叫法，实际上把他的绰号"跛子"融进去了（1362 年，他在故乡附近被打伤成了瘸子）。他自称是成吉思汗家族的后裔，在他建立帖木尔帝国的过程中，当时所有强大的帝国无一能够迎其锋芒。三十多年的征服战争，他建立了一个首都为撒马尔罕，领土从德里到大马士革，从咸海到波斯湾的大帝国。

〔216〕 赫罗斯特拉托斯（Ἡρόστρατος），一个古希腊的年轻人，为了一夜成名，于公元前 356 年 7 月 21 日（正是后来声名显赫的亚历山大大帝诞生之日）纵火烧毁了世界七大奇迹之一、位于土耳其以弗所的供奉月神阿尔忒弥斯的亚底米神庙。为了阻止他的这种目的，以弗所当局处死他后明令禁止任何书籍记载关于他的事迹。但是，该事件的前因后果还是被尊重真相的史家泰奥彭波斯记录了下来，并且，那青年的名字也进入了辞典，专用来形容不择手段赢取名声的人。

当乖戾者掀起怀疑的旋风，我们就有可能听到这样的抱怨："要是他什么都没说该多好。"浮士德之所为显然也是该观念的某种演绎。只要对依靠精神而生存有一定概念，任何人都会意识到怀疑的巨大浸润力。一个怀疑论者以怀疑为生，其灵魂对怀疑的渴求不亚于肉体对面包的渴求。怀疑占据了浮士德，但它并不能以此自傲，因为浮士德为此承受着心灵上的巨大痛苦。[217] 尽管如此，我仍将启用那个预先设计的方案——这对我来说再容易不过。于此，我甚至希望人们称我为英雄拷打狂，正像里米尼的格列高利被称为 tortor infantium ［婴儿拷打狂］ 一般[218]——在折磨英雄的手法上，我的创造力的确十分了得。浮士德与玛加蕾特邂逅[219]——这事儿并非发生在他选择了快乐的生活方式之后，因为，我的浮士德并没有选择快乐——他也不是在魔鬼梅菲斯特的凹面镜中看到她的模糊形象，他看到的是一个真实的、惹人怜爱的纯真少女。由于他的灵魂依然葆有人性的爱情，因此他很有可能爱上玛加蕾特。但是，他是一个怀疑论者，他的怀疑已摧毁了他所有的现实。我的浮士德是一个理想主义者，不像那些有科学精神的

---

〔217〕 也就是说，"怀疑"并没有征服浮士德，让他对自己俯首听命——因为约翰尼斯所设想的浮士德是一个在怀疑中拼命挣扎的个体。

〔218〕 里米尼的格列高利（Gregory of Rimini, 13 世纪末—1358），奥古斯丁教团的修道士，意大利神学家、哲学家。曾在巴黎、波洛尼亚、帕多瓦等大学从事学术研究，是温和唯名论的倡导者。他得到这一绰号，是因为他坚持认为，未受洗礼的孩子会被直接打入地狱，而不是像天主教徒通常所说的那样进入地狱的边界地带。

〔219〕 玛加蕾特，歌德《浮士德》中的人物，昵称为格蕾琴，浮士德曾在魔鬼梅菲斯特的帮助下与其相爱而后又将之抛弃。而浮士德第一次看到玛加蕾特的形象正是在梅菲斯特的魔镜中。参见《歌德文集》第 1 卷，绿原译，人民文学出版社，1999，页 72。

怀疑者，他们在诵经台上怀疑每一个术语，但一小时后却什么都干得出来——其实他们的所思所为都毫无精神因素。浮士德是一个怀疑论者，他身上的怀疑觊觎着他每日的欢欣，渴望着他魂灵的滋养。不过，他依然遵从内心，固守着自己的沉默。他没有对任何人诉说自己的怀疑，哪怕是他所爱的玛加蕾特。

　　刚才已经讲到，我们的浮士德太过理想化，他不可能满足于自己泄露隐秘后仅仅触发了一时壮观的街谈巷议，随后整个事情就如一阵风般不留痕迹，他不可能满足于所有类似的微弱影响。（此处，诗人们都会警觉：我这个脚本有滑向喜剧的危险。这颇有讽刺性：浮士德与那些当今之世的闹剧丑角扯上了关系。那些丑角们往往会故意与怀疑主义纠缠不清，引得人们纷纷热议。他也许会设法弄到医生的诊断书，来证明他怀疑主义者的身份，如果人们不相信他已经怀疑过一切，[220] 他甚至还会赌咒发誓。当然，他也会旁敲侧击，说自己在旅行途中偶遇了另一个怀疑论者——这些精神世界的快递员与疾跑者总是匆匆忙忙。他们从某人身上刮掉些关于怀疑的鳞片，又从另一个身上讨要些有关信仰的碎屑，然后便迫不及待地开始 wirtschafte［四处兜售］了——当然，推销

---

　　[220]　关于作为怀疑论者的浮士德的讨论，可以和本书的"绪"进行对读。在"绪"中，约翰尼斯说同代人都已经怀疑过一切了，实际上那些人就相当于一个没有同情心（更精确地说是对生活没有足够的热爱）的浮士德——他们所谓的怀疑一切是虚假的，用"心曲初奏"中的说法表达就是：他们的无限弃绝是无效的（因为他们不像亚伯拉罕热爱以撒一般热爱这个世界）。

词儿得根据会众的需求随意更改，得看大家需要的是细砂还是粗砂。〔221〕）浮士德是个理想化的人物，他不能穿拖鞋出门。理想主义者具有无限的激情，一个具备无限激情的人一定早就对那些垃圾有了免疫力。他深自缄默以便奉献自我——若是他开口，就将带来一场空前的混乱。

他深自缄默，于是伦理跳出来谴责他。伦理说道："你必须承认普遍性，这就是说你得停止沉默。切勿以同情的心怀对待普遍性。"我们不应忘记这话，尤其是当我们严厉地以其言谈来判定一位怀疑论者的时候。评断此类行为时，我一般不会怀有宽仁之心。然而当跃迁适时发生，一切必将大有不同。如若颓败与堕落不可避免，那一个怀疑者——虽然他因其言辞而给世界带来厄运——至少要强过那个悲惨的美食家：后者遍尝百味却总是浅尝辄止。他在还不知道怀疑为何物之时就已经与怀疑绝缘，然而，这样的人往往是势不可挡的怀疑主义大爆发的直接诱因。〔222〕——如若浮

---

〔221〕 出自霍尔堡（Ludvig Holberg，1684—1754，丹麦剧作家，历史学家。丹麦文学史家称他为丹麦文学之父）的剧本《爱拉斯谟·蒙塔拉斯》（*Erasmus Montanus*），第一幕第三场有这样一个细节：在大家谈及修建墓穴所需砂土的价格之时，一个教堂执事突然说道："我会先去问问乡下人：'需要的是细砂还是粗砂？'"

〔222〕 在基尔克果诞辰200周年之际，他所说的"悲惨的美食家"依然可以用来形容当世之人（甚至更恰切）：我们像美食家一般尝遍各种美食，尝试各种欲望，但统统浅尝辄止；我们早就丧失了"志于一事"的专注：在晚餐时关心国内外新闻，散步时聆听音乐，与好友相聚时也是各自低头玩手机发微博……这个时代，似乎工业化初期的怀疑主义病症已然"痊愈"——当然那是因为，崇高价值的全然崩溃，我们已陷入犬儒主义而无需怀疑——这个时代正是怀疑主义的父母所生下的畸形儿。也许就像约翰尼斯所说的上天造就的魔性之人，我们也需要魔性自内而外或自外而内——如布尔加科夫《大师与玛格丽特》中描述的一般——的拯救。

士德打破沉默，乱象或许随之而来。当然，也有可能什么都不会发生——不过，他只能在事后才知晓最终的结果，而这事后知晓的结果既无助于他决定行动的那一刻，也无助于对责任的探讨。[223]

若是浮士德肩负起自我选择的责任而深自缄默，这将是高尚之举，但由于不可避免的痛楚，他必将面临点点滴滴的诱惑。普遍性会时时缠着他，游说他："你本应该开口说话的，促使你作出沉默之抉择的，难道不会是某种你并不自知的心高气傲吗？"

另一方面，倘若我们的怀疑论者成为一个孤独个体，并作为特殊性与绝对建立了绝对的关系，那么他就为自己的沉默找到了权威的保证。但如此一来，他必将因自己的怀疑而心生愧疚。但如此一来，他就进入了悖谬。但如此一来，他的怀疑就得以治愈，即使他又可能染上另一种怀疑。

在《新约》中也有对这沉默的赞词。《新约》里甚至还能找到对反讽的颂扬，只要那反讽体现出的是好的一面，比如用来制造隐匿。然而，这样的跃迁是反讽的跃迁，它还类似于所有建立在主观性高于现实性这一法则基础上的跃迁。但当代人宁愿对此充耳不闻。一般来说，对于反讽，人们觉得只需要了解黑格尔说

---

〔223〕（古希腊史诗《奥德赛》中，奥德修斯的妻子珀涅罗珀等待数十年未归的丈夫归来时，靠的就是某种信念，这种信念在现代社会的丧失几乎是必然的：因为我们有各种"技术手段"来"确知"奥德修斯是否活着，因此，没有必要"相信他活着"——）在现代社会，追求确定性的科学取得了巨大胜利，科学的幻象就在于：让人们觉得一切都可以确定可以估价，甚至事前就能知道事后的结果——于是，决定的瞬间不再是疯狂，不再依靠信念，任何一个行动和决定都是精明算计的结果。而人们也不再具备真正的责任感，因为责任是由不确定结果的行动带来的。现在，一切都可以确定并精确计算利弊得失，假如我失算了，那只能怪偶然，却不能追究我的责任。

了点啥就已足够，可真是咄咄怪事。黑格尔本人对此知之甚少，他甚至对反讽怀有敌意——他的浅见竟然被这个时代奉为圭臬，于是，人们以为，必须保护自己免受反讽的侵害。登山宝训中说道："你禁食的时候，要梳头洗脸，不叫人看出你禁食来，只叫你暗中的父看见。你父在暗中察看，必然报答你。"[224] 这段话明明白白地道出了主观性与现实的不可通约，甚至还赐予了前者欺骗的特权。那些整日闲荡、整日念叨着在宗教集会上听来的观点的人，最该坐下来读读《新约》，因为这有助于驱散他们盲信的那些道听途说。[225]

回到亚伯拉罕吧，他是怎么做的？我没有忘记——读者诸君恐怕也正要提醒我呢——前面的讨论是为了解决有关亚伯拉罕的问题。我们奢望能更理解亚伯拉罕，只是想更为全面地以散点透视法来看待他的不可理解性，[226] 因为我早就承认了：我不能理解

---

〔224〕 《新约·马太福音》（6：17 – 18）。登山宝训（亦作山上宝训）指的是《新约·马太福音》第五章到第七章里，由耶稣基督在山上所说的话。首先使用"登山宝训"这一名称的，是神学家奥古斯丁。

〔225〕 有论者将此处所谓"宗教集会上听来的观点"与格伦特维格（Nikolaj Frederik Severin Grundtvig, 1783 – 1872，丹麦神学家、诗人、教育家，丹麦成人教育、大众教育的倡导者，哥本哈根格伦特维格民众学院的创始人。他鼓吹丹麦的大众教育或民间高中要在"宗教与科学所崇尚的关注生命、大众化、全面化"这一理想的基础上创办。哥本哈根著名的管风琴教堂就是为了纪念他而建）所发起的民粹主义宗教运动联系起来。根据格伦特维格的观点，基督教必须以教派仪式上所听闻的"上主亲言"为基础，而不能以圣经为基础，后者是该运动攻击的对象。基尔克果曾在日记中将之称为"一个饶舌之人"。

〔226〕 "散点透视法"，基尔克果用的词为 desultorisk，意为"跳跃的""不连续的"，强调从不同角度看。试作此译。

亚伯拉罕，我能提交的只是崇拜。我们还说过，前面所描述的所有例子都不能当成是亚伯拉罕故事的相似体，对它们的详细阐释只是为了从它们所在的领地来眺望那未知区域的边界，以便表明它们与亚伯拉罕的差异。如果说还有和亚伯拉罕相类似的疑难，那就只能是罪愆的悖谬了。但后者属于另一个领域，仍然无法用来解释亚伯拉罕，并且，解释它比解释亚伯拉罕容易得多。[227]

因此亚伯拉罕无法言说。既不能向撒拉和以利以谢一诉衷肠，又不能对以撒说出真相。他将这三个伦理上的最高职权统统忽略。因为对亚伯拉罕本人来说，伦理的最高表达就是家庭生活。[228]

美学允诺，呃，毋宁说是要求个体的沉默，只要这沉默能拯救他人。亚伯拉罕并不是美学所能管辖的——这一点我们已经说得足够清楚了。他的沉默并不是为了拯救以撒。从美学的角度看，亚伯拉罕献祭以撒无异于一桩暴行，因为它只是为了亚伯拉罕本人以及上帝。我牺牲了自己，美学可轻而易举地理解我，但我为了自己而牺牲他人，这是美学不能容忍的。当美学英雄深自缄默，伦理就会跳出来谴责他，因为他沉默的动力来源于他偶然的特殊性。虽然他的沉默是由其人性的预见性所决定，但伦理仍不会原谅他。伦理认为，这些所谓人性的洞见不过是一种幻象，因此伦理要求朝向敞开的无限运动。于是我们可以看到，美学英雄实际上可以开口，只是他无此意愿。

真正的悲剧英雄牺牲自我和自己的一切以便服务于普遍性；他的壮举，他的所有情感都隶属于普遍性；他是敞开的，他所作

---

〔227〕　参见注释 199。

〔228〕　上帝许诺亚伯拉罕的后代建立国家，因此他不负有高于家庭伦理的爱国义务（这一点也不同于阿伽门农的故事，后者是为了希腊城邦的利益而放弃了家庭伦理责任）。

的自我袒露让他成为伦理的爱子。这些都不适用于亚伯拉罕。他从没为普遍性做过什么，而且，他是隐匿的。[229]

我们又一次站在悖谬之旁。要么个体作为特殊性能够与绝对建立绝对的关系，由此伦理并非至高之物；要么亚伯拉罕一无所是，既非悲剧英雄亦非美学英雄。

此处，我们要再一次防止将悖谬化为轻松实用的事情。我必须再说一遍：任何对此抱有幻想的人都不是信仰骑士，因为，剧痛与苦闷是信仰骑士唯一可能的证明——当然，这一证明并不能得到普遍的理解，否则就是取消了悖谬。

亚伯拉罕是沉默的——并且他无法言说，这就造成了剧痛与苦闷。若我开口说话，别人却无法理解，那么，即使我没日没夜地言说，也等于一个字都没说。这就是亚伯拉罕的境遇。他有能力表达自己希望表达的，但仍有一事他无法开口，正因为他无法开口，也就是说，无法以让他人明了的方式言说，他就干脆沉默了。言语的慰藉在于，它能引导我们进入普遍性。亚伯拉罕可以集合所有的语言、用最美丽的词句来表达他对以撒的爱。但是，那一刻他想的并不是这些，他头脑中那深不可测的思想，让他认为自己不得不牺牲以撒，因为，这是一场考验。没人能理解该思想，因此，大家对那些美丽词句的理解只能是误解。悲剧英雄无法感受如此之剧痛。悲剧英雄的宽慰首先在于：所有针对他的诘责都会由正义的力量来评断，因此他给所有人以机会。克吕泰涅

---

〔229〕 孤立地看待亚伯拉罕献子这一故事，他确实没有为普遍性效劳。但亚伯拉罕之前一直通过对上帝的信仰而为子孙、为家庭和他的民族寻求福佑，他的品行也得到了大家的公认，所以约翰尼斯这么说显然是为了服务于自己的理论。

斯特拉、伊菲革涅亚、阿喀琉斯和合唱队,[230] 每一个活生生的人和每一句发自人类心灵的声音,所有智慧、所有忧虑、所有非难和富于同情心的思想,统统有权利站出来反对阿伽门农。他敢肯定,所有反对他的观点都已经得到了阐述,严厉而不留情面——与整个世界作对是一种安慰,但与自己作对则骇人听闻——他不必担忧自己忽略了什么,也不必担忧自己会像爱德华四世在听闻克拉伦斯的死讯时那样哭喊出来:

> 谁曾替他请求过我?谁,当着我的怒气
> 曾跪在我的脚下乞求我三思而行?
> 谁曾提到过兄弟情义?谁又提到了爱?[231]

对于孤独所需担负的严酷责任,悲剧英雄毫不知情。而且,他可以和克吕泰涅斯特拉、伊菲革涅亚一同悲悼啜泣——这是种安慰,因为呜咽和痛哭本身即是纾缓,真正的折磨是只能憋在心头的悲叹。阿伽门农可以迅速振作,并且更加坚决地行动,他有足够的时间去寻求宽慰与勇气。这些都是亚伯拉罕做不到的。当他的心灵

---

〔230〕 均为欧里庇得斯悲剧《伊菲革涅亚在奥利斯》的剧中人物,都曾以不同方式劝阻过阿伽门农。参见注释173,合唱队,又称歌队,为早期悲剧中非常重要的部分(用亚里士多德的话来说:“应该把歌队看作是演员的一分子。歌队应是整体的一部分并在演出中发挥建设性的作用,像在索福克勒斯,而不是像在欧里庇得斯的作品里那样。”参见《诗学》,前揭,页132),而古希腊悲剧本就是起源于酒神祭祀仪式中的合唱队。

〔231〕 参见莎士比亚《理查三世》,第一幕第一场。基尔克果引用的还是德文版的莎士比亚剧作,中译文参考梁实秋和方重的改写。克拉伦斯是爱德华四世的弟弟,因密谋反对其兄的统治而被处死在伦敦塔里。而爱德华四世死后,摄政的即是本剧的主人公理查三世。

备受熬煎，他凭借自己的言语就能给整个世界带来神圣的宽慰——他却没有那么做。假如他开口，撒拉、以利以谢和以撒都可以质问他："为何要那么做呢？你毕竟可以阻止自己的啊！"另外，假若在承受剧痛之时，假若在完成最后一步之前，[232] 他想要暂时卸去情感的重负并拥抱他的所爱，那么最危险的后果就将产生：撒拉、以利以谢和以撒会因此而遭受冒犯，会认定亚伯拉罕是一个伪善者。亚伯拉罕不能说，他不能以人类的语言来说。虽然他熟稔世间所有的言谈技巧，而他的所爱也能听懂它们——他仍然不能开口——他带着神性的口音言说——他是"说方言的"。[233]

这剧痛我完全理解。我可以崇拜亚伯拉罕。我并不害怕人们为亚伯拉罕故事所诱惑，从而希望不负责任地成为一个孤独个体。

---

[232] "最后一步"指献祭以撒。

[233] 参见《新约·哥林多前书》第13、14章。第13章恐怕是最为国人熟知的《新约》篇章，以"爱的颂歌"闻名，章首第一句为（13：1，约翰尼斯前面某些说法显然由此而发）：

> 我若能说万人的方言，并天使的话语，却没有爱，我就成了鸣的锣、响的钹一般。

第14章比较了"讲道"与"说方言"（14：2-5）：

> 那说方言的，原不是对人说，乃是对神说。因为没有人听出来。然而他在心灵里，却是讲说各样的奥秘。但作先知讲道的，是对人说，要造就、安慰、劝勉人。说方言的，是造就自己；作先知讲道的，乃是造就教会。我愿意你们都说方言，更愿意你们作先知讲道，因为说方言的，若不翻出来，使教会被造就，那作先知讲道的，就比他强了。

由此可看出，约翰尼斯将亚伯拉罕看作是"说方言的"。"说方言"者只是"对神说"，他们与神性建立的是完全私密的关系，而在《新约》中更提倡的显然是那些"对人说"的讲道者。

不过我承认，自己缺乏那么做的勇气。而且，即使我有可能迈向那更高处，我得承认自己随时会如释重负般地放弃那美妙前景——哪怕是在最后一刻。亚伯拉罕随时可以收回成命，随时可以将整个事情当成一场诱惑而幡然悔悟。于是他将开口说话，于是所有人都将了解他——但如此一来他就不再是亚伯拉罕。

亚伯拉罕无法言说。能够有助于解释这一切的说法是：这是一场考验——不过注意，在处于伦理辖域内的人看来，那其实是一场诱惑——但他却无法说出来（或者说，无法以为人理解的方式说）。所有处于如此境遇之中的人都是普遍性辖域的异乡客。随之而来的一切会让他更加趋向于缄默不语。前文已经清楚地说明，亚伯拉罕做了双重的跃迁。他首先做出了无限弃绝跃迁，即放弃了对以撒的占有。这一步已经无法为人理解，因为它是亚伯拉罕的私密使命。但是接下来，他又进一步做出了——并且每一刻都在持续地做出——信仰的跃迁。这是他的慰藉，因为他说："然而那不会发生，就算发生了，主也会用荒谬的力量还给我一个新的以撒。"悲剧英雄可以熬到故事的末尾。在那里，伊菲革涅亚终于向父亲的决心低头，她自己做出了无限弃绝的跃迁，于是父女彼此和解。她能够理解阿伽门农，因为他的使命表达了普遍性。假设阿伽门农对女儿说道："神确实要求牺牲你，但他也可能不那么做——相信荒谬的力量吧。"那他立即就会成为最古怪的父亲。若是他换种说法，说那只是自己的猜测，那伊菲革涅亚一定能理解他。但这就意味着，阿伽门农没有做出无限弃绝的跃迁，于是他不复是一个英雄，于是预言家的话就成了旅行逸闻，而整个事件就成了一场作秀。

所以，亚伯拉罕没有开口。只有一句从他口中说出的话得到了保留，那是他对以撒唯一的回应，那句话也可以充分地证明，亚伯拉罕之前绝对未曾言语。以撒询问亚伯拉罕："燔祭的羊羔在哪里呢？"亚伯拉罕说： "我儿，神必自己预备作燔祭的羊羔。"[234]

这是该故事中亚伯拉罕所说的最后话语，此处我可以更切近地对之进行思索。如若这场对话未曾发生，那整个事件就缺少了一个环节。如若对话中的用词稍有不同，那一切就将陷入混乱。

我常究诘一个问题：一位英雄，无论构成他英雄主义之顶峰的是受难抑或行动，该不该有个最后的发言。就我的认识而言，我觉得这取决于这位英雄所属的生活领域，取决于他的生活在知性上有多大的意义，也取决于他的受难或行动与精神的关系。

有一点想必没有异议：悲剧英雄在自己最辉煌的时刻，与普通人一样，可以说点儿什么，哪怕仅仅是些应景儿话。问题的关键在于，那些话是否符合当时的情况。假如他生活的意义存在于某种外在的行为，那他就不必开口，因为无论他说什么，本质上都只能是冗言赘语，只能削弱其行为所带来的冲击力。另外，按照悲剧的惯例来讲，主人公应该在沉默中完成自己的使命，无论那使命是行动还是受难。为了不偏离主题太远，我干脆就近援引一例。倘若当时拔出刀子刺向伊菲革涅亚的不是卡尔卡斯，[235] 而是阿伽门农本人，那么，在最后的时刻突然打破沉默只会贬低其英雄的形象。在该事件中，他行为的含义人所共知，虔敬、同情、哀怜和眼泪也已各就各位。而且，他的壮举与精神无关，就是说他不是一位教师或一个精神层面上的见证人。假设这位英雄的生

---

〔234〕 《旧约·创世记》，22：8。

〔235〕 参见注释100，他是希腊联军的预言家，是他告诉了阿伽门农必须献祭女儿才能通过奥利斯海港，最后献祭伊菲革涅亚的主持人也正是他。

活意义趋向于精神领域，那么言语的缺席定然会贬抑他的影响力。当然，这种情况下他可不能说些应景儿话，或者以花言巧语来糊弄人。他必须用语言来证明：自己在这决定性的时刻达至了完满的境界。此类心智上的悲剧英雄必须让自己屈从于那些轻浮之人的追求，也就是说必须留下最后陈词。于是，倘若一个心智上的悲剧英雄以受难（即死亡）来将自己的英雄主义推向顶峰，那他临终前最后的发言已经令他成为不朽者，而普通的悲剧英雄只能在死后才得以不朽。

　　苏格拉底正好可以作为例证。他是一位心智上的悲剧英雄。当他听到对自己的死亡判决，他就在那一瞬间死去了。诸位应该把握住以下两点：一、这里的死需要借助整个灵魂的力量；二、英雄总是在自己的死亡之前就已经死去——如果没有意识到这些，那么你对生活的感悟就仍然停留在较低的层次。因此，作为一位英雄，苏格拉底需要冷静和淡定，而作为心智上的英雄他需要足够的精神力以便在最后一刻实现自我。他不能像普通的悲剧英雄一般集中注意力去直面死亡，他必须疾速完成那后一种运动，[236]以便在同一瞬间有意识地超越该层面的冲突，然后坚持自我。假如在赴死的危难时刻，苏格拉底像哑巴一样一言不发，他生命的影响力将大大削弱，而人们也将纷纷猜测：苏格拉底身上那反讽的张力并非一种原生性的力量，而只是一个双向的弹簧，在紧要

---

〔236〕 "后一种运动"指对肉体上必然死亡的某种确认，即本段开头所说的，"当他听到对自己的死亡判决，他就在那一瞬间死去了"。只有超越了自己肉身的死亡，心智上的英雄才能在精神层面达至更完满的境界。

关头，苏格拉底会借助它某一面的弹力而可怜巴巴地支撑自己。*

我在这里草草描摹的线索并不适用于亚伯拉罕，不能据此来类推出对亚伯拉罕的论断。但从某种意义上来讲，这些线索又可资借鉴。它让我们意识到，亚伯拉罕不能仅仅靠着最后时刻沉默地拔出刀子来完成自我，他必须说些什么，因为作为信仰之父，他的绝对意义也体现在精神领域。[237] 但他会说什么呢？我实在无法做出进一步的想象。一旦他开口言说，我一定会理解，甚至可以根据那些话来理解亚伯拉罕本人，而不必比以前更靠近他一步。假如苏格拉底并没有留下什么最后陈词，我也会站在他的位置替他说出来。即使我自己没这个能力，也总有一位诗人会这么做——但是，没有任何诗人能替亚伯拉罕陈词。

在继续探讨亚伯拉罕最后那句话之前，我得再描述一番亚伯拉罕的困境：他很难说出什么。剧痛与苦闷是那悖谬所固有的，

---

* ［约翰尼斯原注］究竟苏格拉底的哪一句陈词最具决定意义？这一问题存在大量的争议，因为苏格拉底的形象已经在柏拉图那里得到了如此之多的诗意发挥。我倾向于认为，在死刑判决下达的瞬间，苏格拉底就已经死了。然后，他以下面这个著名的辩驳来使自我完满：他对死刑判决只以三票的微弱多数通过表示惊讶（［译按］一般版本"三票"为"三十票"，因为之前的投票同意与反对处苏格拉底死刑的人数比为 281 比 220。参见《苏格拉底的申辩》35e－36a："雅典的人们，你们投我的反对票，我对这结果并不生气。这有很多原因，其中一个是，这样的结果并不出乎我的意料。但我反而更惊讶于双方所投石子的数目。因为我觉得反对票不会只多一点，而要多出更多。但现在看起来，只要有三十个石子不这么投，我就会给放了。"吴飞译，华夏出版社，2017）。即使是在集市上轻率的混混和浅薄的蠢人中间，也找不到比判处他脱离生命的死刑更具讽刺性的玩笑。

［237］ 也就是说，根据上面苏格拉底的例子，人们会理所当然地将亚伯拉罕当作一个"心智上的英雄"，然后要求他像苏格拉底一样作最后陈词。

而正像前面揭示的一样，它们都体现在沉默之中，亚伯拉罕不能言说。* 由此而言，要求他开口本身就自相矛盾，除非我们想诱使他再次脱离悖谬，除非他在那决定性的时刻将悖谬悬置，这样一来他就不再是亚伯拉罕，这样一来过去的一切瞬间归于空无。在那决定性的时刻，倘若亚伯拉罕对以撒说"将要作为燔祭的是你自己"，这就将是软弱的体现。因为，即使他可以说些什么，他也应该早些开口道出真相。他的软弱表现在灵魂完备性的丧失，因为他不能集中心神去预先设想整个事情的痛苦所在，而是有所遮掩有所逃避，这导致当真正的痛苦到来时，他才发现一切远远超出了他的设想。另外，类似的言语将使他脱离那悖谬，而倘若他真的想告诉以撒，他也应当将自己的境遇转换为一种诱惑。[238] 否则，他就决然无法开口。但倘若他果真作了那样的转换，那他甚至还不如一个悲剧英雄。

　　尽管如此，亚伯拉罕还是留下了他最后的话。以我所能了解那悖谬的程度，我能通过那句话来完整地领略亚伯拉罕的风采。首先且首要的，他并未说出什么，这就是在必须要开口时，他所选择的言说方式。他对以撒的应答具有反讽的形式，因为假如你

---

　　* ［约翰尼斯原注］若是还有与之类似的情况可供探讨的话，毕达哥拉斯的死就是其中之一。在弥留之际，毕达哥拉斯不得不将自己长久以来的缄默推上顶峰，因此他说："就算杀死我也比开口说话要好。"参见第欧根尼·拉尔修（［译按］$\Delta\iota o\gamma\acute{\epsilon}\nu\eta\varsigma\ \Lambda\alpha\acute{\epsilon}\rho\tau\iota o\varsigma$，罗马帝国时代作家，约活跃于 3 世纪，生平不详，以希腊文写作，重要史料《名哲言行录》［$B\acute{\iota}o\iota\ \kappa\alpha\iota\ \gamma\nu\acute{\omega}\mu\alpha\iota\ \tau\omega\nu\ \epsilon\nu\ \varphi\iota\lambda o\sigma o\varphi\acute{\iota}\alpha\ \epsilon\upsilon\delta o\kappa\iota\mu\eta\sigma\acute{\alpha}\nu\tau\omega\nu$］的编纂者）。该书共 10 卷。由于书中有关伊壁鸠鲁的篇幅最长，有人认为他是该学派的信徒）。参《名哲言行录》，第 8 卷，39 章。

　　〔238〕 参见注释91，此处当为诱惑的第二种含义，即一种脱离伦理的诱惑。

开口说话却又什么也没说，这从来就是一种反讽。以撒询问亚伯拉罕，因为他假设父亲知道真相。假设亚伯拉罕回答他说"我并不知情"，那他就是在掩盖事实。他什么也不能说，这是由于：他无法说出自己所知道的真相。于是他回答道："我儿，神必自己预备作燔祭的羊羔。"在此，如同之前所描述过的一样，我们当能看到亚伯拉罕精神上的双重跃迁。倘若亚伯拉罕仅仅是放弃了以撒，却没有更进一步，那他的话就一定是对以撒的欺骗。上帝要求献祭以撒，这他心知肚明；在那指定的时间，他自己必须亲自将以撒献出，这他也完全明了。于是，在做出这一跃迁之后，亚伯拉罕又在同一瞬间完成了下一步，即借助于荒谬之力的跃迁。就此而言，他并未撒谎，因为只要有荒谬之力，那么说上帝将做出一些完全不同之事，就是完全有可能的。他没有撒谎，也没有真的说出什么，因为他是在用外来的方言说话。[239] 当我们考虑到，将要献祭以撒的是亚伯拉罕本人，以上所说的一切会更为显豁。倘若该任务是另外一个版本，倘若上帝要求亚伯拉罕将以撒带到摩利亚山上，然后用闪电击杀以撒，并以此方式接受他的燔祭，那么，亚伯拉罕以那种让人费解的方式说话就完全可以解释得通，因为在该情形下，他自己确实不知道接下来会发生什么。但实际上，这一任务是交给亚伯拉罕本人的，他必须亲自完成，因此他必须明白，在那决定性的时刻他将做什么，也就是说他清清楚楚地知道自己要亲手刺杀以撒。如果他竟然对此稀里糊涂，他就是还没有完成无限弃绝的跃迁——该版本的亚伯拉罕也不是故意说谎，但他的境界已经远远地落在了真正的亚伯拉罕之下，其意义

---

〔239〕 参见注释233 。

甚至还不如一个悲剧英雄。[240] 事实上，他就像一个举棋不定者，总是不能下定决心去做任何事，于是只得不断地靠着费人猜测的妄语来解救自己。但是，这样一个 Haesitator［摇摆人］只不过是信仰骑士的低劣仿品。

这么说吧，一个人可以理解亚伯拉罕，当且仅当他理解了那个悖谬之后。就我而言，我在某种程度上能理解亚伯拉罕，但我也有自知之明：我缺乏说出来的勇气，我更缺乏勇气像亚伯拉罕那样行事。不过，我可没有说亚伯拉罕的一切不值一提，相反，那是个奇迹并且是唯一的奇迹。

同代人怎么评价悲剧英雄？他们将之形容为崇高，他们对之投以仰视的目光。不论是由杰出人士组成的精英团体，还是那被每一代人委以重任的专家评审团——他们负责评断所有先辈——都能就悲剧英雄达成一致。但是，没人能理解亚伯拉罕。想想这可敬的老者吧！为了葆有最真实的爱，想想他行至了怎样的境地。然而，热爱上帝的人不需要眼泪，也不需要崇拜；他忘记了自己为爱所受的磨难，那遗忘是如此彻底，若不是上帝还铭记此事，他的痛苦甚至不会留下一丝儿的记忆；是的，上帝在暗中察看并知晓所有的苦闷，他数点着每个人的泪滴，他不会忘记任何事情。

于是，要么存在这样的悖谬，在这悖谬中孤独个体作为特殊性建立了与绝对的绝对关系，要么亚伯拉罕将一无所是。

---

〔240〕 这个版本的"亚伯拉罕"没有集中意念的能力，没有认识到那不可能性，因此不如至少能完成无限弃绝的悲剧英雄，也不如本段前文所说的那个"仅仅是放弃了以撒，却没有更进一步"的"亚伯拉罕"（这个"亚伯拉罕"等同于悲剧英雄）。

尾　声

　　荷兰的香料市场曾一度低迷，于是，商人们将整船货物倾入海底以便抬高其价格。如此手段确乎煞费苦心，又似乎颇有必要。但在精神世界，是否应有类似作为？我们既已如此确定地达到了让人仰止的高度，那么接下来要做的，莫非就是虔诚地相信自己并未爬得很高，以指望在余生中依然有个事儿做？[241] 这就是当今之世所亟须的自我欺骗之伎俩吗？当代人亟须培养的，是对这伎俩的艺术鉴赏力？抑或是，我们还需要在自我欺骗的艺术上进一步精雕细琢？当今之世所亟须的，难道不是那无所畏惧、不染尘俗的真诚与严肃？难道不是只有这严肃劲儿才能殷勤地保留某个使命，才能让我们重新将它负在肩头？难道不是只有它才能让人们免受唆使，远离那朝着更高处猛打猛冲的鲁莽？难道不是只有它能维持那使命的青春与美艳，让其魅力无法抵挡？而那使命的艰巨性正好能激励高贵的心灵，因为唯有艰难困苦能激发天性中的崇高。一代人能从另一代人身上学到什么？我只知道，我们不可能从先辈身上直接继承那维系人性的真正动力。在此事情上，每一代人都必须白手起家，他们将要做的与前代人并无不同，也

---

　　[241]　这一类比之所以滑稽，是因为精神世界与商业世界显然不能适用同样的法则，在精神世界，"将整船货物倾入海底"的自我欺骗，只能更加凸现当今时代的"狂妄症"。参见"心曲初奏"章第一自然段。

不会走得更远——这么说绝对不是在逃避使命，更不是自我欺骗。那维系人性的真正动力就是激情，正是激情能让不同代的人隔着遥远时空相互了解。没有哪个时代能从另一个时代学到如何去爱，没有哪个时代能不从起点开始，后代的使命绝不会比前代更轻松，并且，假如有人想表现得比前辈更聪明，想前进得更远而不是在爱之中栖止的话，那他一定是个愚蠢的空谈家。

对人类来说，最高的激情即是信仰，就此而言，没有哪一代人不是从先辈出发的地方起步。每一代人都必须从头开始，下一代人并不比上一代人走得更远——只有认识到这些，才能不辱使命。没有人有资格说：这事儿多无聊。先辈已经完成了一切，没错儿，但这和我们现在来完成同样的使命之间没有丝毫关联，除非……除非某个特别的时代或某些特别的个体，竟然设法窃取了那神圣的位置，而那个位置原本属于不知倦怠的、掌控世界的精神力——倘若某个时代真的以此为任务，那就是一种堕落。而且，从那个位置上俯瞰，整个存在又会显出怎样惊人的末世之态？我敢保证，没人比童话中那位升上天堂并从那里俯瞰世界的裁缝更能发现种种堕落之象了。[242] 一代人只要能在那个使命上多多费心

---

[242] 参见童话"裁缝在天国里"，出自《格林童话》第一卷（魏以新译《格林童话全集》，人民文学出版社，2003，页106–107）。童话里，在上帝携众圣徒外出时，一个裁缝在留守的圣彼得的纵容下偷偷溜进天堂。他爬上能够察看世界所有角落的上帝之宝座（即上一句约翰尼斯所说的"那神圣的位置"），马上看到一个洗衣妇偷藏别人的面罩，一怒之下将上帝的金踏脚凳砸将过去。上帝回到天堂后将裁缝赶出了天堂，临走前对他说：

> 哦，你这坏蛋，如果我像你一样审判，你早已受处分了。如果我像你那样，我这里早已没有椅子、板凳、圈椅，甚至于没有火钳，都向犯罪的人扔下去了。以后你不能住在天堂里，你必须离开这里。你从哪里来，就到哪里去。这里除了我之外，没有人有处分权。

——因为那毕竟是我们能参与的最崇高的事业——就绝对不会心生厌倦。那一使命足够我们用整整一生来完成。假期的某一天，孩子们在日上中庭时就将所有的游戏玩了个遍，于是他们不耐烦地问道："谁来想一个新游戏？"与那同代或前代的、能将熟知的游戏玩上一整天的孩子相比，他们果真更加进步更加优秀吗？难道这不是正说明了，这些孩子缺乏我所说的那种属于游戏的好脾气，即缺乏某种严肃劲儿吗？

信仰是人类之中最高的激情。在一代人中间，会有很多人根本到达不了这样的高度，但是，不会有一个人走得更远。我不敢确定，在当今之世，到底有多少人还没有认识到这一点。我只能说说我的一己之体验：有一个人，他从不掩饰自己还有长路要走这一事实，也不会想到要蒙骗自己或蒙骗那崇高者，以便将后者贬损为琐碎之物或者是一种需要即刻摆脱的幼稚病。然而，生活含有种种不同的使命，即使是对不能达至信仰之高度的人来说，只要他对此怀着诚挚的爱，他的生活就没有虚度，虽然他不能与那些把握了最高意义的人相提并论。不过，一旦达至信仰之境（此时，天赋秉异或资质平平完全不造成差别），任何人都不可再有原地踏步之念。其实，若我们向已达此境者说起该念头，他一定会大受震动。就像一位恋人，若有人说他"你在爱情上原地踏步"，他一定会愤然回应，"我绝对没有在爱中止步，因为在那里面有我的整个生活"。当然，他既不会走得更远，也不会走向其他方向。假如他真的这么做了，他的回应一定有所不同。

"你必须更进一步，然后再进一步。"[243]不断要求前进的需要

---

〔243〕 "尾声"与"序曲"中，约翰尼斯都不遗余力地批判了"更进一步"的思想，参见注释2。

在古代就有先例。比如那个将自己的思想存放于手稿之中、将手稿存放于狄安娜神庙之上（他的思想是他生活中的甲胄，因此可堂而皇之地悬挂在女神的庙宇）的"晦涩者"赫拉克利特，[244] 他曾说："人绝无法两次踏进同一条河流。"* "晦涩者"赫拉克利特曾有个门徒，他不愿在老师的观点上原地徘徊，于是便更进一步补充道："人一次也不能踏进同一条河流。"** 可怜赫拉克利特竟收了这样一个徒弟！如此的画蛇添足非但破坏了赫拉克利特的法则，而且使之变为埃利亚学派否定运动的信条。[245] 那位赫拉克利特的门徒原本只是想做个好徒弟，只是想走得更远一点——他只是不太甘心止步于老师沉浸其中的所在。

---

〔244〕 赫拉克利特（*Ἡράκλειτος*，前540—前480），古希腊哲学家、爱非斯派创始人。生于以弗所一个贵族家庭，相传生性犹豫且善感，被称为"哭泣哲学家"。他的文章只留下片段，爱用隐喻、悖论，致使后世的解释纷纭，人称"晦涩哲人"。

　　* 【约翰尼斯原注】"Chai potamou roi apeikadzon ta onta legei hos dis es ton auton potamon ouk embaiis." 参见柏拉图《克拉底鲁篇》（*Cratylus*），第402节。Ast. 3rd B. Pag. 158。（［译注］此句引文意为："他把事物比做一道川流，说你不可能两次走下同一条河。"中译文参见王晓朝译，《柏拉图全集》第2卷，人民出版社，2003。）

　　** 【约翰尼斯原注】参见滕尼曼（Tennemann）《哲学史文集》（*Gesch. d. Philos*），Ister B. Pag. 220。（［译注］此处赫拉克利特的门徒即指克拉底鲁，他将老师的流变思想推演到了极端。他与苏格拉底是同代人，因此在柏拉图的对话录《克拉底鲁篇》中出现。滕尼曼，W. G. Tennemann，1798—1819，康德主义者，是德国较早编写哲学史的人。）

〔245〕 "赫拉克利特的法则"当指"一切皆流，无物常驻"的思想，而克拉底鲁极端化的补充自以为聪明，实则物极必反地成了否定运动的埃利亚学派（代表人物色诺芬尼、巴门尼德和芝诺）的论据。

基尔克果日记选

——与《恐惧与战栗》相关

【译按】本部分选取一些基尔克果日记和遗稿中有关《恐惧与战栗》的文字，包括草稿、自我评论或续写，以及与该书所涉及的论题相关的文字。众所周知，基尔克果出版的作品大多为假名，因此他本人在私密性的日记中对该书的看法就有着特殊的价值。另外，在写作《恐惧与战栗》之前和之中，基尔克果在日记中就不断地进行着"调音"和创作上的准备，此类日记集中出现在 1843 年，译者选录了一些与书中文字形成比较或在定稿中被删除的文字或旁注。与书中基本相似的文字不再选入。此书出版多年后，基尔克果仍沉浸在亚伯拉罕故事所带来的"思想的震颤"中，1849 年、1850 年、1851 年、1852 年和 1853 年（基尔克果死于 1855 年），基尔克果连续五年在日记中设想着各种新版本的"恐惧与战栗"，似乎陷入了着魔的状态——也许正像他自己所说的，这个故事里面，隐藏着他一生最大的秘密。译者参考的是霍华德和洪编译《恐惧与战栗/重复》的附录、两人编译的七卷本日记（*Søren Kierkegaard's Journal and Papers*. Bloomington and Indianapolis：Indiana University Press，1967—1978）以及汉内（Alastair Hannay）的日记选本（*Papers and Journals：a selection*，Penguin Group，1996）。

对我而言，基督教义必须是对基督之实践的说明，因为基督想要建立的不是学说而是行动。他并不教导人们说，人类将得到拯救——而是直接去拯救人们。穆罕默德的教义（sit venia verbo［如果能如此表达的话］）是对穆罕默德之学说的说明，但是，基督教的教义必须是基督之实践的说明。基督的本性要通过下列事体得以表达：实践，基督与上帝的关系，人类的天性，以基督的实践为条件的人类处境（后者是最重要的）。除此以外的一切都只不过是泛泛之论。

1834 年 11 月 5 日

*

列举一下把握生活之辩证性的不同方法：在中世纪的传奇和传说中是与野兽和妖怪的搏斗，在中国是一次考试，在教会是怀疑。（在希腊是沉思与游历，比如毕达哥拉斯与荷马。）

1836 年 1 月

*

施莱尔马赫所说的"宗教"与黑格尔学说中的"信仰"，本质上不过是初次的直接性，是一切事物的先决条件——是事关重大的流动性——是在情感与心智的双重意义上我们所呼吸的空气——因此，称其为"宗教"或"信仰"是不合适的。

1836 年

*

我不再想和世界交谈了；我在努力忘记自己曾那么做。
［……］麻烦在于，一旦你提出某个观点，你自己就会深陷其中并
成为观点本身。曾经有一天，我向你描述了浮士德的某个思想，
现在我才明白那思想是我自己的。同理，在我患上某种疾病之前，
我不太可能去体验或设想那病症。……

1836—1837 年

*

当哈曼在某处表示，他宁愿从法利赛人口中听到那与自己意
愿相违背的真理，也不愿从使徒或天使那里听到它们时，难道不
包含着最高层次的反讽吗？

1837 年

*

可以将浮士德与苏格拉底作一个类比：苏格拉底体现了与国
家切断关系后的个体，而浮士德则体现了废弃教会并断绝指导之
后的个体，这揭示了浮士德这一形象与宗教改革的关系——他片
面强调了宗教改革那否定性的方面。

1837 年

*

　　恐惧与战栗（见《新约·腓立比书》2：12）并非基督徒生活中的第一动力。然而，它就像那摇晃的摆轮和钟表的关系——它是基督徒生活中的钟摆。

1839 年 2 月 16 日

*

　　……我的听众，以色列有不少这样的父亲，他们都认为，失去自己的孩子就等于失去了世间所有值得珍惜之物，也等于失去了未来的一切希望。然而他们中，没有一个人的孩子是神所应允的，像亚伯拉罕的以撒那样。许多父亲都经历过那样的丧失，但全能而高深莫测的上帝毕竟掌控着一切，且可以抹除一切并实现那允诺，因此他们只需和约伯一起说：赏赐的是主，收取的也是主。但亚伯拉罕与他们不同——他得到的命令是：亲手完成那事。以撒的命运就掌握在亚伯拉罕持刀的手上。那个早晨，这位老父站在山巅，身旁是他唯一的希望。然而他没有怀疑，没有左顾右盼，也没有用自己的抱怨来挑战上苍。他知道这是上帝所能要求于他的最大牺牲，他也知道对上帝来说没有什么是最大的。当然，我们都知道故事的结局——也许在年幼时就已经知晓，因此它早已不再吸引我们。然而罪责在我们而不在故事本身。我们已变得如此冷漠，很难再和亚伯拉罕一起体验，一起受难。亚伯拉罕回到家中，怀着欢欣、自信与对上帝的信赖，而他从不曾有过片刻的动摇，因此也不必自责。假设亚伯拉罕在不安和绝望中环顾四周，才发现了替代以撒的公羊，难道他不会在耻辱中返家吗？难道他不会丧失掉对未来的信念？他曾确信自己会为上帝牺牲一切，确信那个来自上天的神圣声音仍在心中，仍在向他保证上帝的恩典与宠爱——难道他不会因此丧失掉对自我的这种种确信？

　　亚伯拉罕也没有说：如今我已经老了；当我的青春逝去时，我的梦想没有实现；当我人到中年，我向您渴求的一切仍将我拒之门外；而如今我已经老了，你用如此奇妙的方式替我实现了一切。赐予我一个宁静的夜吧，别再召唤我去进行新的斗争，让我在您已给予的一切中享受欢悦、享受老年的安慰吧。

1840—1841 年

*

绝对的悖谬

　　既然哲学是一种中介，那么，在它瞥见最终的悖谬之前，它的任务就是避免下结论。

　　那悖谬就是神—人，能解释它的就是这个概念本身，并且还要时时考虑到基督的现身，以便判断那悖谬的纯粹性，判断基督的肉身是否带有神的印迹，是否在最深的意义上带着特殊个体的标记，是否深深地落入形而上学和美学的辖域之中。

1842—1843 年

*

　　每个个体的生活都与概念不可通约，因此哲学家绝没有达至最高的阶段——这种不可通约性去向何方？——它将转化为行动。将整个人类联系在一起的是激情。因此，宗教的激情，那信、望、爱就意味着全部——而所谓崇高就是在一个人的生活中体现所有人类的本质，只不过存在着程度上的差别。成为一名哲学家和当个诗人的差别也只是程度上的不同。

1842—1843 年

*

或许可以再进行一些修改——让撒拉知道即将发生之事并提出反对，这样一来亚伯拉罕的绝望就会找到一个表达的契机，他将说道：可怜的女人，以撒其实并不是我们的儿子；他出生之时我们都老得不成样子了；得知这事儿的时候你自己不也笑了吗？

1843 年

*

尾声

让我们继续热爱，并于存在中坚强自我

1. 在静默中劳作的人
2. 悲剧英雄
3. 信仰

1843 年

*

荷兰的香料市场曾一度低迷，于是，商人们将整船货物倾入海底以便抬高其价格。如此手段确乎煞费苦心，但也许又有几分必要。在当今之世，是否应有类似作为？

让我们到市场里四处看看，以便保证信仰没有被人等同于世俗的巧智，保证它仍是一种少有人了解的力量。让我们彻思它的辩证性，而不是胡侃一通，就好像献祭以撒不过是献祭最好之物的诗意表达一般。有多少人曾做过如此的努力？当今之世，人们只愿意更进一步，那情形，就好像他们能在这个乏味的理性将生活中的激情抽干的时代之上，再轻松地发展出一个更多疑、更精确、更少信仰的时代一样。

无论是伟岸者还是卑下者，道理都是一样——先是匍匐前进，继而悠然漫步，继而相携而行，继而又是踽踽独行。

来自古代的有关更进一步的例子是阿波罗尼厄斯（［译按］希腊几何学家，所指其事不详）和赫拉克利特的门徒。

1843 年

*

"写作吧。"——"为谁写作？"——"为那已死去的，为那你曾经爱过的。"——"他们会读我的书吗？"——"是的，他们会在后代人中重现。"

一则古语

"写作吧。"——"为谁写作?"——"为那已死去的,为那你曾经爱过的。"——"他们会读我的书吗?"——"不会!"

改自一则古语

Rebus und Grunds? tze durcheinander. [字谜与惑人的公理]

——哈曼
1843 年

*

该书的作者绝不是一个哲学家,他不过是丹麦文学界一个可怜的候补文员,他原本更愿意在自己的斗室中喁喁自语。但如今,完全屈从于对神性的敬重,他站在自己的门前祈求,他毫不犹豫地希望奉献自己,希望成为揭示更崇高而玄奥的智慧的垫脚石。这些都不能令他烦忧。他并不认为自己是一个在生活之中因某些原因被宣判的人,而是将自己当成生活本身的囚犯。生活的囚犯,没错,这让他更容易忍受烦闷的工作——他本人的生活已经完全迷失。

他默认了所有针对他的裁决,因为他是生活本身的囚犯,而不是在生活中犯了什么过错。

曾是一个诗意之人的
静默者约翰尼斯
敬呈
1843 年

*

外行人和异教徒会将我的写作方式判定为无意义的，那是因为，我爱用不同的口吻来表达自我。我使用诡辩家的言辞和双关语，使用克里特岛人、阿拉伯人、摩尔人以及克里奥尔人的语言，使用蛊惑人的批判、乱语、神话、字谜与公理，时而以常人的语调争论，时而以超凡的语调介入争论。

——哈曼
1843 年

*

某篇福音中曾讲述了有关两个儿子的寓言（［译按］参见《新约·马太福音》21：28－30）。其中一个儿子总是打保票说，自己一定实现父亲的心愿，但却从未付诸行动；另一个儿子则总是在对父亲说"不"，但却用行动完成了心愿。后者也是反讽的一种形式，而那个儿子也得到了福音书的赞扬。福音书并没有留给悔愧以任何空间，并没有让他后悔自己曾说了"不"——这是无可争辩的。是某种谦逊在阻止他对父亲说"是"。稍有深度的人都不会对如此的谦逊感到陌生。它部分地根源于对自我的高贵的怀疑姿态：只要一个人还没有完成任务，他就有可能突然间变得软弱从而无法完成它——因此，这样的人从不许诺任何事情。

1843 年

*

这悖谬无法得到调解，一个信仰骑士也不可能理解另外一个，在普遍性之中也不存在任何线索，可以让个体借助它来判定自己是否处在悖谬之中，是否处在一场精神考验之内。

1843 年

*

所有"疑难"都将如此煞尾：

这就是信仰的悖谬，是所有理性都无法驾驭的悖谬——它就是如此，否则亚伯拉罕将一无所是。

1843 年

*

亚伯拉罕献祭以撒并非为了普遍性。恰恰相反，我们必须得说，所有的以色列人都希望将以撒藏起来，都将为他的生命而乞求。而普遍性也会明确地要求亚伯拉罕停止这样的行为。而对亚伯拉罕而言，这是一次纯粹私人性的考验。

1843 年

*

那些想要担起信仰那悖谬性的隔绝却最终徒劳的人，都不是真正的信仰骑士，而只是魔法师西门（［中译按］参见《新约·使徒行传》第8章，他曾试图用钱购买受圣灵的权力）之类的人物——他们想要的只是一场交易。沮丧、痛苦、不安——这些是骑士们的明证，同时也起着警示的作用：告诫人们不要轻易尝试。所有轻率尝试的人都会最终崩溃。人们必须冷静地制止所有过分殷勤的蠢行，这些蠢行都意在让人们旁观那崩溃者的笑话。事实上，对于那些从内在性上彻底崩溃的人来说，旁观者的眼光又算得了什么惩罚？有一则来自东方的故事，说的是一个被废黜的苏丹。那苏丹在牢狱中思考逃脱之法。他想象出一只鸟儿，这只小鸟告诉他许多奇妙的事情。他希望这只鸟儿帮他逃狱。小鸟终于来到了他的窗前，从他的穆斯林头巾上揪下一条丝带，并将之变成一辆豪华的马车。苏丹跳上窗户，一只脚踏进马车——这时鸟儿说道："进来吧，但请大声重复下面的话：以唯一的神可可莱索比（Kokopilesobeh）之名祈愿，我希望从这儿前往赫拉克。""你说什么？"阿里（［译按］Ali－Ben－Giad，该苏丹的名字）惊恐地说道："真主才是唯一的神，穆罕默德是神的使者。"话刚出口，马车就消失了，而他也一命呜呼。——瞧，他真是一时糊涂啊。

1843 年

＊

假若他（［译按］雄人鱼）那么做了，而阿格妮特并非我所描述的一般，那么他将真正体验到炼狱的 。阿格妮特越是自私，她的抵抗就越是可怕。她将不会表现出羞耻心，不会谦卑地隐藏自己因雄人鱼而忍受的苦难，她将死死地紧盯着自己的感受，她不可能察觉到雄人鱼也同样经历着苦难。她不对自己的忠诚作任何限制，她将使用最后的手段——她将死在他面前并将他变成一个凶手。

1843 年

＊

我曾考虑从某个角度改编阿格妮特与雄人鱼的故事，使之完全超乎任何诗人的想象。雄人鱼是个勾引者，当他赢得了阿格妮特的爱情，他竟为之深深感染并希望将自己完全奉献给这个姑娘。——但是，你怕是猜到了，他不能这么做，因为他必须向她透露自己整个的、悲剧般的存在，告诉她自己某些时间会变成怪物，告诉她教会不会祝福他们的结合。他绝望了，在绝望之中他跃入深深的海底，并再也没有出来过。他试图让阿格妮特认为，自己只是在玩弄她。

但是，以上仍然是诗歌，而不是那悲惨而哀怨的沉渣，也不是万事万物在荒诞与谵妄中随之旋转的浮滓。

面对这错综复杂的情况，我们只能求助于宗教（宗教一词意指，它能战胜一切魔法）。倘若人鱼怀有信仰，那么信仰之力也许就可以将他化为人形。

1843 年

＊

让我们假设（《旧约》和《可兰经》都没有记录这一点）以撒知道父亲带他去摩利亚山的目的所在，也就是说，自己将被献祭——如果有一位当代的诗人，他一定有能力讲述两人在路途上的交谈。（页边空白：你甚至可以假设，亚伯拉罕在之前的生活中并非毫无罪行，他在心中认定这是上帝对他的惩罚；你还可以假设他心中那忧郁的想法：自己必须协助上帝尽量严格地执行这惩罚）我能想象，他首先会以全部的父爱望着以撒，他碎裂的心和庄严的面容让他的言语更显焦急。他劝说以撒坚忍地接受命运，甚至会委婉地表明，自己作为父亲所承受的痛苦不亚于儿子。——但这又有何益？我能想象，亚伯拉罕接下来会转过身去，等他再次面对以撒之时，后者甚至无法认出自己的父亲了——他的眼神变得如此狂野，脸色铁青，先前的庄严凝固了，像是从心底迸发的暴怒。他当胸抓住以撒，拔出刀子，说道："你以为我这么做是为了上帝么？你错了，我是个狂信者；那激情再次啮噬着我的灵魂——我要杀掉你，这是我要做的；我比食人族更野蛮。绝望吧，愚蠢的孩子，你竟然以为我是你父亲；我是你的谋杀者，这是我要做的。"以撒跪下来向上天哭号："仁慈的上帝啊，怜悯我吧。"但亚伯拉罕突然悄悄自语道："事情必须这么办，最好让他认为我是个怪物并咒骂我（虽然实际上我是他的父亲），最好让他向上帝祈祷——这要好过让他知道真相，知道实施这一考验的正是上帝，因为那样的话他会情绪失控并诅咒上帝的。"

　　——但是，那能够宣告此类冲突的当代诗人身在何处？亚伯拉罕的行为的确诗意而高贵，胜过我在悲剧中读到过的所有人物。——当婴儿需要断奶，母亲就将自己的乳房涂黑，而她的眼神仍旧充满爱意地望着婴儿。婴儿相信，改变的只是乳房，妈妈还是那个妈妈。做母亲的为何要将乳房涂黑？因为，母亲会回答说，将如此动人的胸部展现给婴孩却不再哺乳是非常残忍的事。——这一冲突很好解决，胸部毕竟只是母亲的一部分。那不需要经历更可怕的冲突的人多么幸运：他们不需要将自己整个地涂黑，不需要前往地狱查看魔鬼的相貌，以便将自己变成魔鬼从而有可能挽救另一个人，至少是挽救他与上帝的关系。而这，就是亚伯拉罕所面临的冲突

——能解开这个谜的人，就解释了我的生命。

但我的同代人中，谁能理解它？

1843 年

*

疑难

索伦·基尔克果 著

1843 年

*

在彼此之间［页边空白：运动与静立］

隐修者西蒙[1]著

独舞者和秘密个体

————————

索伦·基尔克果 编

1843 年

————————————

　〔1〕〔译按〕西蒙为叙利亚的一个隐士，曾在一个柱子的顶端平面上居住了 35 年时间。

*

恐惧与战栗

辩证的抒情诗

来自

静默者约翰尼斯

一个诗意的、只在

诗人中生存的人

1843 年

*

从前，一个人的自负来源于血统、地位以及诸如此类的东西。现如今，因为"世界历史性"，一切变得轻松。如今我们都可以因为出生在 19 世纪而感到自豪。哦，壮丽恢弘的 19 世纪！真是让人羡慕！

1844 年

*

马腾森教授，虽然他颇为得意地接受了教义学思想家的头衔，仍然无法在洗礼问题上自圆其说。教授曾指出，洗礼对于拯救来说至关重要。但为了不致引起争议，他又补充说，没有被洗礼的人也能得到拯救。您需要细砂还是粗砂？真是服务周到的学者！

1845 年

*

如果一个人不能成为他所理解的，那么他就是没有真正理解。只有提米斯托克利理解了米提亚德，因此他也成了另一个米提亚德。

1846 年

*

康德有关根本恶的理论只有一个错误：他没有明确指出，无法解释本身就是一个范畴，悖谬本身就是一个范畴。这造成了重要的差别。人们一直以来都认为：仅仅说我们不能理解某种事物绝不能让科学满意，因为后者执着地要求理解。这就是问题所在。我们必须站出来表示反对。假若人类的科学拒绝承认自己无法理解某些事物，或者更精确地说，假若科学不能清醒地理解那不可理解性，那么一切都将陷入混乱。人类认知的一个重大任务，就是理解下面这一点：有些事物——当然还要知道是哪些事物——是无法理解的。人类认知总是忙于理解这，理解那，但只要它稍稍尝试一下理解自身，马上就会陷入悖谬之中。悖谬并不是特例，而是一个范畴，一个本体论的证明，它阐明了认知性的精神存在与永恒真理之间的关系。

1847 年

*

　　很明显，在基督教世界，人们早已遗忘了何为爱。人们在情欲之爱与友谊中嬉戏，将它们赞颂为爱和美德。可是这毫无意义！情欲之爱和友谊隶属于世俗的幸福和俗世的善行，正如金钱、慷慨、才能等诸般事物，虽然可能境界稍高一点。因此之故，它们虽然也值得祝福，但绝对承受不起任何重大的意义。爱其实是自我否定，它根源于与上帝的关系。

1847 年

*

　　千万不要瞧不起跳跃——那是种极为特殊的事物。几乎所有的国家都有一个有关跳跃的传说，在那传说中，无辜者得到拯救而有罪者坠入悬崖——只有无辜者才能做出那跳跃。

1848 年

*

　　对于基督教最严重的两个误解，我要作如下说明：

　　1. 基督教并非一种教条（若是作为教条，基督教就会像柏拉图哲学一般引起人们的热烈讨论——可最终人们的生活却没有任何变化）——它实为一则有关存在的讯息。因此，每一代人都必须重新启程。前代人积累的知识、达至的境界对我们毫无用处。凡真正了解自身及其有限性的人都不可能轻视基督教，否则他将陷入危险的境地。

2. 基督教既然并非教条，那么，它也同样不会像教条那样冷漠，不会像教条那样仅仅要求客观的认识。不，基督教遴选的是使徒而非教授。如果宣扬基督教的人没有在自身的生活中重现基督教，那他就等于没有宣扬它——因为它是一则有关存在的讯息。唯一宣扬它的方法，就是在自己的生活中实现基督教。而在基督教中生活，在自身生存之中表现基督教，就是我所说的重复。

1848 年

*

很多人觉得，实际上，基督教的那些戒律（譬如爱邻如己）是故意制定得过于严格的——就像那台用来唤醒一家子的闹钟，它被故意调快了半个小时，以免大家起得太晚。

1848 年

*

在我身后，仅仅《恐惧与战栗》一书就可带给我不朽的名。人们会阅读它，将它翻译为各种语言。读者们将为书中那骇人的悲感而揪心。然而，当这些文字逐渐成形之时，当人们所以为的作者在无名无姓中游荡盘桓，被人当作是轻率而爱使心眼儿的不负责任者之时，没有人能把握到它的挚诚之处。哦愚蠢的人们，这本书绝不是什么挚诚之作。其实，它只是让人信服地表达了惊惧之感。

倘若一个作者表现出真诚，惊惧感就会大打折扣。为了表现惊惧，重复的手法是最为震撼的。

但当我死了，一个虚构的人物魔法般地附体在我身上，成为一个黑暗的、阴郁的人物——于是这本书将充满骇人的力量。

为了不忽略诗人和英雄之间的区别，我们必须指出一个已经说明过的事实。在我身上起支配作用的，是一种诗性的张力，整个事情的欺骗性在于，《恐惧与战栗》其实是复刻了我自己的生活。在关于该书的最早的一篇日记中，我已经暗示了这一点（［译按］见所选1843年的日记："让我们假设……"一篇）——那几乎是我写作生涯开始之后的第一篇日记。

1849 年

*

我的内在性

隐藏自己的内在性，这是我天性的一部分——而这样的行为本身也是一种内在性。

但是应该明白，从基督徒的视角看，对基督教最敏锐的表达绝不仅仅停留在笔尖上——而是应该在生活中，应该过一种招致整个世界的冷遇和奚落的生活。问题是，我是否有勇气坚持隐藏自己的内在性。

真的，我的生活方式可以并且已经具备了间谍一般的价值，可是，我的机灵劲儿让人们把事情看得过于轻松了——也许，需要有一次坦率的身份表白才能挽回这一切。

1850 年

*

一个基督教的苏格拉底

苏格拉底并不屑于论证灵魂不朽，他只是说：这一论题对我事关重大，因为我的生活秩序正是建立在该不朽为真的基础之上——即使最后证明该不朽不过是空无，eh bien［即使如此］，我也不后悔自己的选择，因为这是我的唯一关切。

在基督教世界中，若有人有此番言行，将是多么巨大的善举：我不晓得基督教是否为真，但我将以之为真并在此基础上安排我的整个生活，将我的生命抵押在它上面——即使它被证明是假的，eh bien［即使如此］，我也不后悔自己的选择，因为这是我的唯一关切。

1850 年

*

对《恐惧与战栗》若干问题的观察

静默者约翰尼斯在这一点上并没有弄错：为了展示不同的心理阶段，充满热忱的专注必不可少。

因此，老实讲，剩下的问题就是，我该不该去确立如下的断言：这对我是不可能的。我并没有考虑那最顶端的冲突：期待之事与自然法则绝然对立（一个例子：撒拉在女性早已无法生育的年龄得到了以撒）。这也是约翰尼斯不断强调自己不理解亚伯拉罕的原因。此处，矛盾冲突变得如此高蹈，竟使得伦理成为一种考验。

不，在某些情况下，很多人——也许是绝大部分人——能够在对自己的生活毫无真正意识与洞察的情况下生活。是该满怀期待地坚持那个可能性，还是该干脆放弃它？这样的决定从来不能引起他们热切的关注——而且他们觉得一切顺理成章。他们生活在暧昧不明的混沌中。

与之不同，个体们的本性就在于拥有自觉意识。他们亦可以放弃某些事物，甚至是放弃他们最珍视的心愿，但他们一定清楚地知晓：自己该期待什么，不该期待什么。

那些直接性的、自发的或者欠反思的心性不可能理解这一点。因此，他们甚至无法区分弃绝与信仰。

这也是静默者约翰尼斯不断叮嘱过的。他曾说：一切都取决于热忱的投入。

于是，当我们看到有人试图纠正约翰尼斯，试图将一切复归于普通心智所具有的暧昧不明中（不可否认，这种状态在世人中无比正常）——那么，是的，那么他当然就算成功地得到了大众的理解。

于是，如下情形总是一再地出现：一位值得信赖的思想者所推出的完全合理的结论，总是被一些人热心地纠正着，而这些人恰恰"是那位思想者从一开始就远远拒之门外的"。

1850 年

*

对尼可劳斯[2]的回答：

我的回答对应的是您书中第 178 页的话，以及其他一些内容。

"假如我们不加限制条件地接受教会的教义，那么我们就要准备好最终接受这样的情况：除了建立起荒谬的原则并将之作为信仰的基础之外，没有任何别的可选项。对所有善思的、具备宗教情怀的灵魂来说，这些教义必然包含着大量的荒谬与悖论（并且与理解力和理性绝不相容）。"

于是，可以说，您开始毅然地为我那有关悖谬的论题辩护，而且——我还能要求更多吗？——您在整本书中不遗余力地对思辨教义学和那些从事思辨的投机者们穷追猛打，如果真的打中目标的话，那一定是致命的——只需要一下就可以致命。在此，我呼请您进一步考虑，这样做是否有难以自圆其说的地方。

于是，您提供了新颖而奇妙的转换。您丢弃了所有的基督信仰，然后欢呼雀跃般地说出大致如下的话来：现在，悖谬在哪儿？其实，您应该更准确地如此表述：现在，基督教在哪儿？容我感

---

〔2〕〔译按〕Theophilus Nicolaus，冰岛以丹麦语写作的神学家 Magnús Eiríksson 的一个假名作者，他名下的著作《信仰是悖谬吗？它需要依靠荒谬吗？》涉及对《恐惧与战栗》的评论，而这篇未发表的文字就是对之的回应。这段文字同样以约翰尼斯·克里马库斯的假名写成，但并未发表。本则文字为节译。Magnús Eiríksson 是与基尔克果生活在同一时代的神学家，他从基督教的角度审视马腾森和基尔克果的作品，其主要作品有《施洗者与婴儿洗礼》《信仰、迷信与不信》《犹太人与基督教》。

慨一番：这是多么惊人的景象啊！我，约翰尼斯·克里马科斯，郑重声明："我绝不将自己当作一个基督徒"（参见《非科学的最后附言》），但是，我维持着基督教的原本义。您丢弃了所有基督教的信仰——却继续做一个基督徒，并且，从基督徒的角度对"犹太教徒、基督徒和穆罕默德的信徒"不加任何区分。

涉及亚伯拉罕的信仰——这是您尤其着力的地方——您并没有完全地避免荒谬，而荒谬在亚伯拉罕的信仰中一直在场。人们称亚伯拉罕为信仰之父，因为他拥有信仰的正式授权，因为他相信违背理性之事——虽然基督教会并不提及亚伯拉罕信仰的此种含义，而是将自己的基础建立在某个后来发生的历史事件上（［译按］指耶稣的诞生与复活）。说到您为自己设置的这些困境，我们应该指出两种不同的作者之间的矛盾：一种作者对亚伯拉罕的关注是"抒情诗般的、辩证的"，另一种则从"存在主义"的角度关注"如何成为基督徒"的问题——静默者约翰尼斯从不自居为信徒，他甚至直接表示："我没有信仰"，而笔者也没有自称为基督徒，不过实际上我有点口非心是。

随后，奇怪的地方出现了！自称为理性主义者的您，自然希望扫除所有荒谬和悖论。您清除它的方式（不得不说，作为理性主义者这是相当奇怪的办法）是：您假定——这是您在著作中明确表述的——直接来自上帝的讯息、高深的暗示、显圣、默示等等，所有这些都是完全自然而合理的，是真正的宗教人士——比如像您自己这样的人，再加上您的兄弟——可以凭经验得知的，和其他人得知生活中的事件如出一辙。假如我了解得准确的话——让我吃惊地方就在于，一个理性主义的作者，他借以摆脱超自然之物的方法，却是完全非理性的。

……根据您的诠释，我们这些自称"并不拥有信仰"的假名作者们所说的荒谬、悖论，实际上并不是荒谬，毋宁说它们是某种"更高等的理性"，虽然并不是思辨意义上的理性。不，思辨，以及那思辨性的（根据马腾森等人的用法），这些都应该得到毫不留情的嘲弄。根据您的说法，静默者约翰尼斯要无限地高于思辨——然而，由于您所达至的位置无限地高于约翰尼斯，致使后者看上去和思辨几乎处于同样的低处。您所说的也许真的是某种更高之物，也许是"更高等的理性"。但请注意它们的定义，如若荒谬并非是否拒性的标记和属性，如果荒谬不能辩证地从性质上界定"纯粹者"的范围，那么您的更高理性就不会有任何标记。您最好抓住机会表明，您所谓"更高级的理性"并不位于"人性"的一边，不在神圣的领域和启示之中，而是在另一边，在更低处，在不可理解性的潜藏版图之中。荒谬是否拒性的标记。"我，"一位信徒说："我绝不满足于仅仅从修辞学的属性来判定我的生活，或者从属灵的观点来说：判定我之所是。但荒谬是一个范畴，该范畴可以带来限制性的影响力。当我信仰时，无论是信仰本身抑或是信仰的内容都绝不是荒谬的。哦，不，不——我知道得很清楚，对于那些没有信仰的人来说，信仰与信仰的内容都是荒谬的。我同样清楚，只要我自己失去了信仰并变得虚弱（由于怀疑的侵袭），信仰和信仰的内容也会渐渐地对我展现出它荒谬的面貌来。也许这里面有神圣的意志介入：为了让信仰——无论对于信仰者还是非信仰者——成为一场试验和考察，需要将信仰与荒谬串在一起。荒谬以此方式形成，只有一种力量能战胜它——那就是信仰的激情——后者的谦卑在悔罪感的疼痛之中愈发锋利。"

　　……如果您想在以后继续就基督教发表观点的话——无论您就此所做的布道是否面向"所有善思考的人"——您必须首先去实践基督教——您也许没有注意到，以前您陷入了一种错误的热心之中：想要证明基督教中没有悖论。这一点，正像前面说过的，您完成得相当漂亮——您将悖论与基督教一股脑地清除干净了。

附记

　　您的努力的确是有意义的、诚恳而无私的，这我并不否认。从某种程度上说，您的著作也可以算是普通意义上的宗教，也具有一定的道德价值，尤其是与保守而腐朽的基督教界所尊奉的废话相比的话。正因为如此，我才决定对您进行回应。但是涉及基督教，您犯了一个根本的错误，而且，作为思想者，您并不像约翰尼斯那般处于"恐惧与战栗"之中而是在自己貌似博学的含糊之中志得意满。

　　您对《恐惧与战栗》的诠释是如此错误，以至于我完全无法从您的文字中找到该书的影子。约翰尼斯的首要关切（在"疑难"中展现了该书所思考的范畴："存在对伦理的目的论悬置吗？""是否存在对上帝的绝对责任？"）或者说问题的实质，也即亚伯拉罕与以撒的故事的主题，您都完完全全地忽略或忘记了。而另一方面，带着某着晕头晕脑的偏见，您全力地投入了（并将之作为您著作的首要论题）对公主的故事的诠释之中，而那个故事只不过是个次要的例子，一个类似摹本，是约翰尼斯用来说明亚伯拉罕的，并且那并不是直接的说明，因为毕竟他也无法真正理解亚伯拉罕。

　　甚至对于公主的故事您也完全没有得到正确的认识。约翰尼斯的出发点是：从人性的角度看，那位陷入爱情的人是不可能得到公主的。这是一个前提。对于理性的尤其是善于思考的人来说，接受这个前提是理所当然的惯例。对于约翰尼斯亦复如是，若不能坚持这个前提，那论证弃绝与信仰之间哪怕最微小的差别也变得没有意义。现在来看看您对该故事的描述。对您来说，"信仰骑士"怀着这样的理解：得到公主并不是不可能的，是的，很多理由可以证明，这是"可能的"，尤其是在"信仰骑士"——如此的可能性确实是我们通常从人性角度所说的可能——"深思自我和他的个体性"之时，该可能性会变得最为显豁（见页92）："考虑到他内在的价值，这位信仰骑士并不低于任何'高贵者'"，因此他与公主的结合是合适的。上帝，这是什么啊！这个故事与《恐惧与战栗》中的故事没有一丝一毫的相似之处。在您那里，该书成了对爱上公主的辩护，为的是从人性角度证明，得到公主是非常有可能的（而我的假设是：这绝无可能），因此一个身份卑微的男子——只要他算得上信仰骑士，爱上公主绝对没有荒谬之处——凭良心讲，他们完全可以生活在一起。……静默者约翰尼斯绝非是个倡导贵族政治的人，他完全可以是一个平头百姓，一个女仆。对他来说，唯一重要的是这个前提：那位恋人完全陷入了对公主的爱情之中，并且，从人性的角度讲，不可能得到公主。在该前提的基础上——它不能被窜改，弃绝与信仰的差别才能得以说明，正像《恐惧与战栗》中所做的一样——而您所描述的青年与公主的故事则完全不能做到这一点。

谦恭的

约翰尼斯·克里马科斯

1850 年

*

恐惧与战栗

……亚伯拉罕献祭了公羊，便和留下来的以撒一并返家。

但是，亚伯拉罕不住地喃喃自语：今天所经历的一切已经让我不再与人类这一称谓相容了。哦圣主啊，如果我的所为让您满意，请将我的外形变成一匹马吧，但依然葆有我人类的内心——那样我也能更加接近于人类，比经历过此事之后的我更接近人类。拥有不同的外形比拥有不同寻常的观念造成的差别要小很多，何况，我所拥有的观念与流俗完全针锋相对。——我不能和撒拉讨论这一切，她一定会将摩利亚山之旅当成是对她和她的儿子犯下的最可怕的罪行，当然也是对你，我的主，犯下的罪行。也许会有那么一天，她的怒火最终平息并原谅了我。我也将感谢她充满爱意的宽恕。以撒也一样，会有那么一天，他终于强烈地意识到今天发生的一切——他将憎恨我，直到许久之后他将我原谅，而我也必将因此而感谢他。哦主，我在献祭以撒时心中所承受的苦难就在这里找到了补偿——这对我罪行的宽恕，对这充满爱意的宽容，卑贱的我只能万分感激。而若是我对别人说，这一切是你对我的考验（当然我绝不会这么做，因为这会让他人介入我们的关系，从而将之玷污）——哦主，仅仅是与你建立的这种关系就能将我置于常人的对立面，这比将我变成一匹马更能将我隔绝。

但那信仰之父亚伯拉罕绝非如此。从一开始，进行那样的思索就是为了接触到信仰的边界，即使有人误以为这些反思能帮助他停留在信仰的界限之内——哈，反思只能帮助一个人超越界限。

但亚伯拉罕，那信仰之父，他继续处在信仰之中，远离那所谓的界限，那信仰因反思而褪色的界限。

1851 年

*

亚伯拉罕

新"恐惧与战栗"

此处的情绪更明显地与疯狂接壤。可以说，在信仰的顶点，亚伯拉罕无法保持自己始终处于 in suspenso［悬荡］的状态——因此他献祭了以撒。

绪言

曾有那么一个人，他在孩童时就听过亚伯拉罕的故事，而且——正如通常的情形一样——他在当时就通晓故事中的训诫，把亚伯拉罕理解得无比透彻。

光阴荏苒，同很多幼年时代所掌握的知识所经受的命运类似，他慢慢发现那些理解不再有效——或者说，它们逐渐淡化并进入忘乡。

在生命的这段时光中，他经历了一场变故；他遭受了一场严酷的考验，卷入了一场奇异的冲突，这使得他的生活在一刹那——或者说在一击之下——进入了某种搁浅的状态；正是这样的经历，让他有了充足的反思空间。

如此的反思占据了他整个的身心，从白天到黑夜，从清醒到梦寐——他面容衰老的速度远远超过了年龄的增长。

十五年过去了。一天早晨，猛醒的他突然被一个想法俘获了：你所经历的一切，不正像亚伯拉罕的故事吗？

于是他开始阅读那个故事。他一遍一遍地读，高声地读；他还试着描绘整个故事，试着将该故事还有亚伯拉罕的侧影制成剪纸（〔译按〕剪纸是当时的丹麦非常流行的艺术，安徒生就是这方面的专家）；除此之外他什么都不做——但他却依然不能理解亚伯拉罕，也不能理解自己。

1852 年

*

新"恐惧与战栗"

……随后亚伯拉罕携以撒登上摩利亚山。他尝试着和以撒交谈——他成功地鼓舞了以撒——毕竟那是上帝的意愿，于是以撒甘愿牺牲。

接下来，他备好薪柴，将以撒捆绑，将火点燃——他再一次地亲吻了以撒；此时，联系他们已不复是父与子的关系，不，他们更像是一对朋友，或者说，像是耶和华和他恭顺的孩子。

——然后亚伯拉罕拔出刀子——他将刀子刺向以撒。

就在此刻，耶和华显圣于亚伯拉罕的身旁，对他说道：老人，老人，你在做什么？你没听见我的话吗？你没有听见我的呼喊吗？亚伯拉罕，亚伯拉罕，停下来！

但亚伯拉罕回答道——他的声音带着一半的屈从和一半的困惑：不，我的主，我没有听到你的话。我的悲痛如此之深——这你最了解，因为你知道如何给予最好的，也知道如何要求最好的——而我的悲痛因为以撒对我的理解而缓和下来，于是，在这终于与儿子取得一致的欢乐气氛之中，我完全没有听见你的圣言，而是顺从地——我想这是顺从的表现——将刀子刺向顺从的以撒。

随后，耶和华挽救了以撒的生命。然而亚伯拉罕仍常常陷入淡淡的哀伤，他暗自思忖：他已经不再是原来的以撒了。从一定意义上说他甚至不是以撒了，因为他既已理解了自己在摩利亚山所理解的一切——即他被上帝挑选出来作为燔祭——那么他就在一定意义上成了一个老者，和亚伯拉罕一样的老者。他与原来那个以撒绝然不同，这两个人只有在永恒的层面上才彼此合一。圣主耶和华早已预知了一切，他宽恕了亚伯拉罕并将一切恢复，甚至要好过亚伯拉罕犯下错误之前的状况。他对亚伯拉罕说：这就是永恒；不久，你就将永恒地与以撒联系在一起，也将与永恒亲密无间。假如你当时听到了我的话并立即终止了你的行动——你将会在此世重得以撒，但那关涉永恒的事物将不再对你敞开。你走得太远，你毁掉了一切——然而，在这之后，我能将一切变得比一开始更好——这就是永恒。

这就是犹太教与基督教的关系。从基督教的观点看，以撒实际上已经被献祭了——但接下来永恒出现了。在犹太教看来，这只不过是一场严酷的考验，亚伯拉罕留住了以撒，但如此一来，所有的情节从本质上都局限在了此世之内。

1853 年

*

基督教并不将人群联合起来——相反，它总是拆散他们——以便将每个孤独的人与上帝联合为一体。当一个人有可能从属于上帝之时，他就注定要从联合人群的那些因素中隐退。

1854 年

*

生活的价值

在成为彻底的不幸者之前，在深刻体验到生活之悲感并感叹"我的生活真的毫无价值"之前，一个人是不会需要基督教的。

只有在他需要基督教的时候，他的生活才能攀登到价值的顶峰。

1854 年

*

谢谢诸位！我死后，大学讲师们更会有得忙了。那是一帮卑劣的小市民！我所做的一切又有什么用，我所写的一切又有什么用？就算它们被一再地出版，讲师们仍能靠着它们、靠教授我的思想来赚取薪酬，也许还会给我加上这么一则按语："其思想的独特之处就在于不可讲授。"

1854 年

《恐惧与战栗》究竟说了什么?[*]

李匹特

用我们的方式通篇分析了文本之后，现在是时候清理一下思路了。《恐惧与战栗》的核心旨意到底是什么？它真的是关于一个来自上帝的命令？而那命令竟是让我们践踏伦理义务，甚至是，杀害自己的孩子？一些论者认定，《恐惧与战栗》一书实际上有着"秘密的""隐藏的"信息。因此我们在这一章的任务就是，探讨该书的那种种"表面"信息是否是真实的——或者说探讨那隐藏的信息是否真正存在。通过其文本，基尔克果究竟要用怎样"迂回的"方式来与读者进行交流？

列维纳斯：反对基尔克果的"暴虐"

在以直白的方式解读约翰尼斯的人里面，最有影响的当属列维纳斯（Emmanuel Lévinas），他本身也是一位哲学家。我们有必要先来看一下列维纳斯对《恐惧与战栗》的总体评论，并且也有

---

[*] ［中译按］本文选自李匹特（John Lippitt），*Kierkegaard and Fear and Trembling*，Routledge，2003。

兴趣比较他和基尔克果思想上的异同。列维纳斯对基尔克果"生存境界"这一代表性思想的诠释其实过于简单。他第一次提及基尔克果"暴虐"的文字如下：

> 基尔克果的暴虐开始于超越了审美阶段之后，即当生存者被迫抛弃伦理阶段（毋宁说，那是他所以为的伦理阶段）以便进入宗教阶段，进入信念的领地之时。然而信念不再寻求外在的辩护。甚至是在内在的层面上，它所寻求的也是将交流与隔绝融合，即将暴虐与激情融合。这开启了将伦理现象驱逐到次要的位置并轻视伦理基础的思潮，这一思潮在尼采的推动下成为近代哲学的超道德主义。[1]

这段话对基尔克果颇有抨击——但道理并不充分。首先，列维纳斯将"对伦理的目的论悬置"这一观点归于基尔克果的名下——这也许是基尔克果本人不会赞成的。其次，列维纳斯武断地认为，约翰尼斯（以及其他假名作者）毫无疑问地代表基尔克果发言。而且，列维纳斯还指出，基尔克果就是凭着亚伯拉罕甘愿牺牲以撒这一行为而赋予亚伯拉罕价值的。现在，不用我指出大家也会明白：本书的内容实际上比列维纳斯所说的更为复杂，更为暧昧不明。列维纳斯没有提及，约翰尼斯在"崇敬"亚伯拉罕的同时，也对他的行为感到"深深的惊骇"。列维纳斯也没有考虑下述可能性：约翰尼斯不过是想辨清和阐明，将亚伯拉罕颂扬为模范包含着怎样的危险，或者不过在将一种有关伦理的特殊观念

---

〔1〕 1 Lévinas（1963） "Existence and ethics" in *Rée and Chamberlain*（eds）1998，31.

放在显微镜之下考察其合理性。

　　但是，列维纳斯对基尔克果的控诉随后还以更尖锐的形式再度表现出来。他表示"让我震惊的是基尔克果的暴虐"，并且再次将他与尼采并论，指控他有着"冲动而暴力的风格，丝毫不考虑可能带来的丑行与破坏"，它们"会引发持久的挑衅以及对一切的拒绝"。[2] 列维纳斯甚至进一步将之与纳粹主义联系起来，认为如此的败落也许是由基尔克果"对伦理的超越"所引发的。[3]

　　尽管有这些武断的结论，列维纳斯对《恐惧与战栗》的解读仍然颇有趣味。在指出书中对伦理的看法并不合适之后，他提出了自己对伦理的观点（该观点如今已颇为知名），可以称之为"对他者的责任意识"。[4] 他进一步将此观点与捆绑以撒（Akedah）故事联系起来，认为约翰尼斯并未真正领悟故事的意义。正如我们看到的，约翰尼斯强调的是献祭以撒的命令。而列维纳斯则提出了另一种看法取而代之：

　　　　整出戏剧的顶点就是亚伯拉罕停下来并聆听圣言的时刻，这引导他回归伦理状态，命令他切莫做出人性的牺牲。[5]

　　换句话说，上帝的第二次发话才是关键。献祭人子的命令让位于上帝所提供的公羊，这让以撒得以幸免。[6] 然而，其他论者

---

〔2〕　同上，页34。
〔3〕　同上。
〔4〕　同上。
〔5〕　同上。
〔6〕　可以参考 Martin Buber 的质疑，他认为我们无法认定第一次发言（命令献祭以撒）的就是上帝本人。

（他们显然比列维纳斯更为细心地阅读了文本）也注意到了这一情节的意义——但对之的解释则截然不同。在本章的稍后部分，即对该书所隐藏的基督教信息的讨论中，我们将再度考虑这一观点。

自始至终，列维纳斯对该书的解读都失之草率。但值得我们注意的是，他之所以指责基尔克果是"暴力的"并且"让人惊骇"，是因为他认定，《恐惧与战栗》提出了某种无疑会践踏伦理要求的神圣命令。如此的指责遭到很多论者从不同角度的反对。

塔克文的罂粟

断言《恐惧与战栗》包含着"秘密信息"，这绝非是不合适的、缺乏理由的结论或某种过度诠释。事实上，该断言在该书的开篇就得到了暗示。在那里，约翰尼斯（或者是基尔克果？）摘录了一则来自哈曼的、典型的格言体评论。哈曼是基尔克果深为钦佩的德国思想家，他在著作中描述了典范性的"幽默作家"。约翰尼斯引用的话如下："傲慢的塔克文借园中罂粟花所传的旨意，其子即刻领会，传信者却不明所以。"这句话提到了一位罗马早期君主的故事：他的儿子成为加比意的军事领袖之后，传信给自己的父亲询问下一步的计划。由于对信使的不信任，塔克文并未直接回答，而是领他来到一片罂粟花田，将最高的一株罂粟砍断。回到加比意后，信使照样将此做给塔克文的儿子看，其子——而非信使——当即理解了其意义。那"秘密的"信息——即以间接交流的方式所传递的信息——是在命令儿子杀掉或放逐加比意当地的头面人物。儿子照着做了，随后整个加比意臣服于罗马。问题的关键在于信使并不理解他所传的信息。那么，这段奇怪的题记为何出现在《恐惧与战栗》的开篇？它对于后面的文本有何提示？约翰尼斯是否就是那个信使？——那他所没有领会的信息究竟是什么？他对亚伯拉罕和以撒故事的表面含义的关注是否让他模糊了该故事"隐藏的"信息？

怀着这样的考虑，本章所作的考察将致力于提供对该问题的不同回答。格林（Ronald M. Green）曾将本书描述为可以从不同层面去理解的作品。接下来的文字部分地得益于格林的研究，但同时也提出了一些其他的可选观点。

给蕾吉娜的密信？

有一个"隐藏信息"必须首先讨论。在第一章中，我们已经叙述了基尔克果与蕾吉娜解除婚约的来龙去脉。在第五章我们也提到，《恐惧与战栗》——正好是在解除婚约后不久写成——中包含着一些自我辩解的段落。尤其要注意下述策略。基尔克果曾宣称自己必须那么做，因为很明显，假如与蕾吉娜走进婚姻的殿堂，他将无法给后者以幸福。他认为，蕾吉娜对他最可能的埋怨是，认为他是无赖或对她无情无义。如此一来，依靠着当时流行的心理指导，蕾吉娜或可重新振作投入到自己的生活中去。因此，"调音篇"中第一个仿写的亚伯拉罕就有了特别的意义。正是他，在拔刀刺向以撒之前，告诉后者自己不过是个"狂信者"，杀死他不过是自己的意愿而非上帝之命。亚伯拉罕这么做是因为"让他以为我是个恶魔，总好过让他失去信仰"。

如此的"传记式"解读的意义非常明显。正像汉内（Hannay）指出的那样，"若基尔克果能让蕾吉娜相信自己是个无赖，必须与之解除婚约，他就能避免蕾吉娜对这个世界失去信仰"[7]——我们可以补充一点，这么做也是在避免她对上帝失去信仰。汉内还不无道理地提出，这是一种"贫乏无益的心理学……对一个以引诱人们怀疑真诚动机的心理学观察而闻名的人来说，这贫乏就加深了一层——或者说，基尔克果对自己真诚动机的描述也将是失败的"[8] 我们该如何看待这一观点？它将《恐惧与战栗》解读为写给蕾吉娜的"密信"，并将那些文字看作在解除婚约之后调整与蕾吉娜之关系的尝试。如此的解读必将带来下述结论。正如亚伯拉罕得到上帝的召唤去献祭他最珍爱之物（以撒），基尔克果也要做出同样的献祭（蕾吉娜）。用格林的话来说，通过这些，基尔克果迫使自己"放弃了世俗的幸福以便承担起作为宗教作家的孤独使命"[9]

不可否认，《恐惧与战栗》确实有着部分的自传性质。然而，仅仅关注那场发生于19世纪40年代的悲哀而短暂的情事，很难解释一个多世纪以来无数评论者对该书的巨大兴趣。因此，让我们开启阅读该书的另一个"层面"吧。

---

〔7〕 Hannay, Kierkegaard：A Biography（Cambridge University，2001），191.

〔8〕 同上。

〔9〕 Green，"Developing Fear and Trembling，" 1998，in Hannay and Marino（eds），274.

召唤对责任的承担：神学的休克疗法

　　格林所谓的第一个层面就是"对承担基督徒之责任的召唤"。[10] 在该层面上，约翰尼斯采用亚伯拉罕和以撒的故事是为了进行一种所谓的"休克疗法"。基尔克果发现，在那个时代，人们自以为是地将成为基督徒与出生在"基督教世界"混为一谈——出生在诸如丹麦这样的"基督教国家"，有一对信仰基督教的父母，在丹麦国家教会受过洗礼。对宗教担当的这种"布尔乔亚式"观点显然和亚伯拉罕那粗犷、"原始"的信仰形成鲜明比照，后者要求一种特殊的行为和生存方式，甚至——也许尤其是——要经受来自周围环境的巨大磨难。基尔克果认为，一个对于这纷扰时代更为恶俗的威胁，来自黑格尔主义。我们已看到，《恐惧与战栗》中多次对比信仰"更进一步"的思想进行了嘲讽。该思想为黑格尔主义所有，它认为，信仰只是理智发展中的一个相对初级的阶段，是黑格尔哲学应当予以超越的。该思想从属于某种看待信仰的第一人称视角——这也是基尔克果所强调的——即将一切理解为心智或精神（Geist）在世界历史中的逐渐展开。

　　于是，从该层面来看，《恐惧与战栗》中至关重要的观点，就是用亚伯拉罕故事来展示宗教信仰与布尔乔亚式的生活之间那必然存在的冲突。亚伯拉罕的考验深刻地揭示了伦理和宗教担当与责任之间可能存在的交火。那位没有正确认识该故事之深意的神甫，实际上暗示了当时基督教会的错误。由此来看，《恐惧与战

---

〔10〕　同上，页258。

栗》的中心旨意在于揭露"当今之世"所造成的信仰贬值（可以联想该书的开篇和结尾所用到的商业比喻）。约翰尼斯的目标，就是让人们认识到信仰的真正价值和巨大代价。

信仰的心理学

上面的讨论依然没有触及我们的中心问题：约翰尼斯所说的"对伦理的目的论悬置"，是否是指，在上帝的意志这一终极目的驾临之时，伦理律令必须被搁置？虽然之前的种种猜测都难以致使我们毫不犹豫作出如此判断，但格林的第一个层面确实倾向于对该问题作出肯定的答复。而他的第二个层面——该层面关注的是"信仰的心理学"，则似乎是在否定该问题。格林声称，他的这一分析"以第一层面的假定为基础——即信仰是此生的担当，但它仍要求信仰者理解其精神上的准确内涵"。[11] 关键之处在于区分无限弃绝的跃迁与信仰跃迁。在分析的末尾，格林似乎认可了穆尼（Mooney）的观点：信仰蕴含着一种"无私之爱"，它要求我们放弃一切"所有权"。格林总结道：

> 假如穆尼所言为实，《恐惧与战栗》在该层面的含义就是在提醒我们：作为一个整体来看，该书并非像看上去的那么让人惊骇，并非对要求杀戮的宗教命运的辩护。毋宁说，它是对传统的无私之爱的辩护，它将这种爱当作宗教生活的核

---

〔11〕 同上，页261。

心特质。[12]

这一结论同样会招致我们已经加之于穆尼身上的反对意见。从第一层面来说，该书的目的是动摇哥本哈根那些布尔乔亚式会众们的自满状态，那么我们至少可以理解约翰尼斯选择亚伯拉罕—以撒故事的良苦用心。毕竟，还有什么故事比它更能撼动人心，更能展示伦理与宗教担当之间的冲突呢？但就第二层面而言，如果其包含的信息仅仅是宗教生存所要求的无私之爱，那选择亚伯拉罕故事就没有合理的理由。为了证明这个普通的、传统的观点，为何非得需要讲述吓人的故事？即使我们忽略此反对意见，穆尼的解读仍然包含着我们已经提到过的难处：说亚伯拉罕已经放弃了对以撒的"所有权"，这是否只是一种似是而非的看法。

基督徒生活的规范

格林的第三个层面，有关"基督徒生存的标准样态"，似乎比前两个层面更接近于我们的核心问题。正是在该层面上，《恐惧与战栗》才成为对伦理的探讨，成为对"能指导忠实的基督徒之行为的规范"的研究；也正是在该层面上，书中的"疑难"部分（尤其是疑难一和二）才会成为中心。

该层面直截了当地聚焦于我们所纠结的问题：对于约翰尼斯来说，亚伯拉罕站在被理解为普遍性的伦理之外，他的行为不能得到解释或理性的证明。

----

[12]　同上，页262。

格林对该问题的陈述：

> 认定《恐惧与战栗》想要提出一种基督徒道德生活的初
> 步形态，如此的理解必将带来不可调和的矛盾。《恐惧与战
> 栗》似乎是在为我们提供一个值得效仿的典范，但该典范的
> 行为很难得到一般伦理价值的鼓励、辩护或理解。[13]

格林分析了种种避免该困境的方法，我将提到其中的三种。
前两种分别认为该书攻击的是康德和黑格尔，第三种则认为约翰
尼斯（或许是基尔克果）在支持一种神圣命令式的伦理学。

康德的"绝对主义"

第一种方法是邓肯（Elmer Duncan）提出的，他认为约翰尼
斯的攻击目标是康德的道德绝对主义。康德认为，伦理要求不允
许有任何例外。根据邓肯的看法，基尔克果认为康德这极端的立
场"无比荒谬"，并且他试图证明，如果一种伦理不允许任何例外
的话，我们就必须在伦理之外寻找新的空间——比如在宗教中。
然而，邓肯质疑说，如此的寻找也许并非必要，因为存在着在伦
理之内为例外赢得空间的更为合理的途径。

格林对此方法提出了两点反对意见，其中一种颇为合理，另
一种则差强人意。第一种反对意见认为，从本质上讲，伦理绝对
主义并非约翰尼斯的攻击对象。回想一下，约翰尼斯拿来与亚伯
拉罕作对比的主要是悲剧英雄，比如阿伽门农。约翰尼斯认为悲
剧英雄凭借伦理而行动，虽然后者并没有遵循康德的绝对伦理：

---

〔13〕 同上，页263。

阿伽门农愿意杀死一个无辜的人类，他的女儿伊菲革涅亚。换句话说，阿伽门农的杀戮是基于他对自己作为领袖之责任的履行——如此的行为是严格的康德主义者所不能容忍的。

格林提出的第二种反对意见是，邓肯的解读"忽略了约翰尼斯多次重复的主张：通过对伦理的悬置，亚伯拉罕完全迈出了伦理的领域"。[14] 格林据此推断，"很难将亚伯拉罕故事的主旨作如下理解：突破严格的伦理限制以便表达一种更细致的、不那么严格的道德义务"。[15]

可这结论稍显草率。格林似乎认为，我们应当将约翰尼斯对伦理的表述当作他对伦理的真实看法——但这一点相当可疑。我们已经提到过，几个"疑难"开始时的句子可以理解为条件句，即，疑难所要讨论的问题恰恰是，是否"伦理……就是普遍性"。由此看来，约翰尼斯其实是想引出那一句话所包含的前提和暗示。他所做的一切，就是告诉我们应该拒绝这一暗示所包含的观点——拒绝它的前提。或者说：如果该观点不能解释为何亚伯拉罕被人当作典范和信仰之父的话，我们就应该拒斥该观点。同时，格林的第二种反对意见中所包含的对约翰尼斯那句话的理解，也会削弱他自己的某个重要结论，稍后我们将会提到。

黑格尔式伦理

同样的批评亦可以用在下面这种解读上：将约翰尼斯的攻击目标认定为黑格尔的伦理学。我们已经看到，黑格尔的伦理"普遍性"涉及人们具体的公共生活领域。格林认为，《恐惧与战栗》

---

〔14〕　同上，页264。

〔15〕　同上。

可以从两个方面解读为对黑格尔式伦理的抨击（虽然对笔者来说这两个方面的区别并非特别显著）。第一个方面，该书是"一则伦理声明，意在拒斥黑格尔那种将个体完全放在国家之下的伦理，同时也是对即将为社会全体所压迫的个体权利的预言式辩护"[16]如此解读的话，该书就提供了对集权主义威胁之下自我迷失的"重要矫正"。格林对此解读的反驳与之前类似：试图对亚伯拉罕赋予伦理上的正当性——也许是将亚伯拉罕的"纯粹的私人德性"看作"个体的伦理"——与约翰尼斯反复强调的主张相违背，后者认为亚伯拉罕不能得到伦理的"中介"或"理解"。[17] 很明显，对格林的这一反驳，我们可以同样用刚才的方法来回应。更为直接的回应也许是再一次反问：为了证明保护个体免受集体压迫这一惯常的论点，为何非要选用亚伯拉罕和以撒的故事？

下面说说将《恐惧与战栗》解读为抨击黑格尔伦理、召唤"私人个体性"的第二个方面。在批判这个方面时，格林恰恰也使用了笔者所使用的方法。格尔曼（Jerome Gellman）就是这第二个方面的意见的支持者。对于格尔曼而言，《恐惧与战栗》是

> 召唤自我的"无限性"，召唤个体化的自我定义，也是在抗拒依从社会制度尤其是家庭来进行自我定义的倾向……亚伯拉罕故事的主旨并不是颂扬亚伯拉罕敢于杀死自己的儿子，而是颂扬他有勇气将自己视作一个个体而不是一个父亲……那上帝的声音……不过是一种召唤，它在召唤亚伯拉罕超越

---

〔16〕 同上，页265。
〔17〕 同上。

普遍性的伦理而成为个体。[18]

格林对上述观点的质疑合情合理：为何非要用《创世记》第22章来证明这一观点？事实上，格尔曼的观点与穆尼的解读有相似性。后者将《恐惧与战栗》看作是对"自我性"的召唤。但奇怪的是，格林没有想到，他对刚才第一方面的批评同样也可以用这一反问来质疑。

以上两种诠释——反康德式或反黑格尔式——似乎都没有对《恐惧与战栗》的核心叙述线索予以足够的关注。可以说，《恐惧与战栗》的目的之一就是质疑"伦理就是普遍性"这一观点。道德律令和社会所规定的法律皆不具有神圣性。对约翰尼斯（和基尔克果）来说，我们对两者的态度都具有偶像崇拜的倾向。

由此可以导出格林所提出的第三种解读，这也是我们接下来要讨论的：《恐惧与战栗》实际上认可了一种形式的"神圣伦理命令"。不止一位论者提出过类似观点，从某种角度说，或许它是最自然的、符合文本"表意"的解读方式。然而，简单的形式并不能支撑它的合理性。该观点认为，该书的核心信息在于，面对来自上帝的命令，一个人应当将之凌驾于伦理要求之上。于是，亚伯拉罕杀死以撒是反伦理的，但既然那是上帝的要求，亚伯拉罕就有义务遵照执行。

该观点存在一个明显的漏洞，考虑到"调音篇"中四个仿写的亚伯拉罕，它很难成立。因为，那四个"亚伯拉罕"的共同之

---

〔18〕 Gellman, "Kierkegaard's Fear and Trembling," *Man and World*, 1990, 23: 297, 299.

处就是，他们都听从了上帝的命令。但约翰尼斯很明确地指出，他们都不是真正的亚伯拉罕，都不是信仰骑士。这表明，仅仅有对神圣命令的遵从并不足以让亚伯拉罕成为信仰骑士。下面我们来看看，这一"神圣伦理命令"的解读还提供了哪些更为微妙的观点。

如果该解读表明的仅仅是在神圣暴君前的卑躬屈膝，那么我们有理由要求对上帝作出进一步的说明。倘若我们接受"上帝即爱"这一信念——格林也指出过，这是约翰尼斯在《恐惧与战栗》中提到过的——那么对上述问题的解答也许还不会削弱该解读。正如格林所言："以这一信念为基础，对上帝的无条件服从即使是在后者要求某种可怕的行为或牺牲之时也有了意义。"[19] 埃文斯（Evans）就采纳了这一见解。亚伯拉罕之所为在人们看来很是瘆人，这部分地源于下面的认识：亚伯拉罕与以撒的关系是具体而切近的，而上帝的呼唤则遥远而抽象。埃文斯指出，在《创世记》的叙述中，亚伯拉罕与上帝结成了某种"特别的关系"。他是如此描述这一关系的：

> 亚伯拉罕在私下里对上帝颇为熟稔，他知晓上帝的善良，他热爱且信赖上帝。虽然他并不理解上帝的这一命令——这是指不理解上帝让他这么做的原因和目的所在——但他可以确认，是上帝发出了命令。因为与上帝有着特别的关系，亚伯拉罕对上帝的信赖是至高无上的。如此的信赖提供了一个认识上的解释框架，亚伯拉罕据此框架得出结论：一切都和表面所呈现的样子相反，在当时当地，那样的行为一定是最

---

〔19〕 Green，前揭，页267。

正确的做法。上帝一定不会真的带走以撒……即使上帝那么做了，他也会将以撒重新还回来……亚伯拉罕甘心献祭以撒的行为可以比喻为郢人信任匠石挥舞斧子的双手。（［译按］原文为：掷刀者的合作伙伴对掷刀者手臂的信任。以庄子"运斤成风"的故事说明似乎更好理解。)[20]

然而，格林对此的反对意见在于，《恐惧与战栗》并没有强调上帝之爱。书中也没有对上帝之本性的讨论，没有让我们以上帝的善良为由来理解那个命令。埃文斯也许会指出，这是因为约翰尼斯站在信仰之外。对此，我们可以补充一点：在《创世记》的叙述中，爱绝非上帝明显的特征。回想一下，上帝在亚伯拉罕献子前不久还曾用火与硫磺毁掉所多玛和蛾摩拉，虽然亚伯拉罕为两座城市求过情。我们无法确定，占据亚伯拉罕内心的，究竟是上帝的爱，还是上帝的力量。

下面让我们考虑对"神圣伦理命令"解读的另一个反对意见。该解读建议，应该将上帝的言语置于伦理之上。可是，若此说为实，如何解释那场献祭到最后没有真正实施？换个说法，该解读带来了以下的疑问：为何以公羊代替以撒？为何上帝最终叫停了这场献祭？一切都归于神秘之域。这样的疑问的确是非常合理的反驳。的确有其他的宗教式的解读在试图解决这些疑问，我们稍后将会提及。现在，我想首先回到穆尼对《恐惧与战栗》的诠释中去。

---

［20］ Evans，"Is the concept of an absolute duty toward God morally unintelligible?" in Perkins（ed.），1981，145.

穆尼：伦理、两难境地和主观性

下面，我希望搁置格林的观点，以便专门讨论穆尼的两个诠释。穆尼的第一个诠释关注的是两难境地的性质，这将引我们进入有关悲剧两难境地的讨论之中。我将证明，虽然约翰尼斯区分了悲剧英雄和信仰骑士，但亚伯拉罕的境地依然是某种悲剧的两难境地。穆尼的第二个诠释存在于他的下述声言：从根本上，《恐惧与战栗》是以更深邃的主观伦理图样来代替以前那普遍的客观伦理。我将挑战穆尼这一含义模糊的态度，不过他的观点至少有一点好处，让我们关注约翰尼斯对亚伯拉罕的那句警句式（即称亚伯拉罕的行为是"纯粹的私人德性"）称谓所带来的危险。

正如我已经讨论过的，穆尼认为，约翰尼斯质疑了"伦理即普遍性"这一观念，并试图扩展、深化伦理的赦免范围，试图让伦理接纳对特殊性和主观性的承担——这应当是道德生活的基础结构的一部分。我们已经注意到，对穆尼来说，《恐惧与战栗》是对自我的召唤。而且，他的观点还暗示，任何将那两难境地化解，任何认为可以找到一种合理的方法来应付两难境地的观点都违背两难境地的特质。确实存在着伦理理论无法解决的两难境地。因此，"目的论的悬置"至少是针对这样的看法：在道德的两难境地中，伦理有力量作出"正确的"抉择。在面对两难境地时，我们该如何抉择？一种方法是萨特对他的一个学生的回答，后者在二战期间咨询萨特，自己是该待在家照料生病的母亲，还是奔赴伦敦加入自由法国运动与纳粹斗争？"你是自由的，"萨特答道，

"因此去选择吧——也就是说，去创造吧。"[21] 但穆尼坚持认为，
对自由和选择的过分强调会产生误导。该方法没有适当地处理两
难境地中所包含的"苦闷"。假如那个学生真的能正确地选择，那
么就意味着两难境地的消失。如此的"随心所欲和偶然支配下的
调节将挖空自我的实质，危及自我的完整性并在对不可能的价值
的强求下滋长伪善与自欺"[22] 但凡有一定深度的自我都会发觉，
自己不得不去"承认、发现或证实那从某种意义上在自身意识之
外的价值"[23] 换句话说，价值并不是由我们自己创造的。在两
难境地中，我们发现，那些同样为我们所接受的价值，往往会互
不相容。由此而论，"接纳能力"就处于信仰的核心区域。

"信仰之考验"的部分结构体现在下面两方面的冲突之中。一
方面是可辩护的、公共的、客观的义务，另一方面则是主观的、
不可辩护的义务。如我们所知，悲剧英雄可以为自己的决定提供
辩护，这给了我们同情的缘由并能分担他的悲剧。然而，若是对
一件事物心存感激，但却无法对之进行公共化的表达，这只能增
加人们的苦闷。"我站在这里，除此我无可选择"并不是一个合理
的解答。但穆尼强调，在道德生活中，对主观义务之重要性的认
可并不必然带来对客观化的排斥。约翰尼斯也表达过类似的见解，
他只是认为，对客观普遍性的考虑在某些情况下不应处于支配地
位。

---

〔21〕 Sartre, *Exitentialism and Humanism*, 1948：38.

〔22〕 Mooney, *Knights of Faith and Resignation：Reading Kierkegaard's Fear
and Trembling*, State University of New York Press, 1991, 68. 说萨特提倡"偶
然支配下的调节"显得些许不公，但我还是赞同穆尼对萨特的这一批评。

〔23〕 同上。

悬置伦理

根据大量来自文本的证据，穆尼拒绝了下述观点，即认为所谓的目的论悬置是将对上帝的服从当作至高无上的，远远高于各种伦理的考虑。（现在，这一点对读者来说应当不成问题，再次回想一下"调音篇"中的四个"仿亚伯拉罕"就行。）穆尼还提供了两种替代的诠释。第一种，他称之为"媒介性的"诠释，我们对之已有所讨论。对伦理的悬置描述了"一个可怕的僵局，它无法逃脱冲突的必然性……一场理性的折磨，它将个体隔离，没有任何道德确信的安慰或权威的指导"〔24〕于是，目的论的悬置"并非一种得到论证的原理"，如"当对上帝的责任与伦理义务冲突之时，必须服从上帝并超越伦理"。毋宁说，该悬置仅仅"描述了一个残酷的事实：存在着让人窘迫的两难境地，在那里伦理无法提供指导，也无法将我们引出错误之途"〔25〕

从亚伯拉罕故事的诸般细节描述中，穆尼推出了关于悲剧两难境地的观点。这让他有可能提供某种对目的论悬置的解读，在该解读中，信仰既可以解析为"宗教的"，也可以解析为"世俗的"。根据该解读，信仰是超越伦理的范畴，当然这里的伦理指的是被认定为普遍性的伦理。或者说，在如此的伦理之上存在的，并不一定是"宗教"。先考虑一下亚伯拉罕的例子。对亚伯拉罕来说，对上帝的义务具有强制的优先性。但即便如此，即便亚伯拉罕保持信仰且在拔刀的瞬间依然信赖上帝，也不意味着（尤其是对他自己而言）这信仰能提供"一种客观化的证明或逃脱阴暗之

---

〔24〕 同上，页80。
〔25〕 同上，页81。

所的途径"[26]（当然也许还无法逃脱他的苦闷）。穆尼提出了一个重要的观点：亚伯拉罕服从上帝，该事实并不必然意味着他将信仰（或对上帝的服从）当作了超越一切的善。穆尼断言，"某个人所觅得的小道绝不能从客观上凌驾于其他道路、其他选择之上"。[27] 亚伯拉罕的行为也不能证明其选择的正当性。

　　但是，穆尼对此的论述让我们越过了亚伯拉罕。我们已经质疑过，若他的解读正确无误，为何我们需要的恰恰是亚伯拉罕的故事？对这一质疑，穆尼可能的回应是拿出一些文本上的证据。回想一下，在亚伯拉罕之外，约翰尼斯还讨论了"俗世的"信仰骑士。这导致了侧重点的更改："倘若骑士可以是亚伯拉罕，也可以是一个女仆或一个商贩，那么我们就不得不远离下面这一解读，即认为该故事是对按要求作出牺牲的鼓吹。"[28] 毋宁说，我们应当从这个捆绑以撒的故事中推演出某个更为一般性的信息："做一个信仰骑士意味着在神试（ordeals）中磨砺灵魂。"[29] 亚伯拉罕故事是在以特殊的、形象的手法描绘悲剧两难境地的可怖。由于"信仰骑士"是个值得称颂的品类，我们有理由猜测到约翰尼斯的下述观点：通过那样的神试可深化并强化一个人的人格。

　　并非作为普遍性的伦理

　　穆尼进一步指出，仅仅停留在上述"媒介性的诠释"并不能让人满意。它并不能解开下述疑团：为何约翰尼斯坚持认为"孤

---

〔26〕　同上。
〔27〕　同上。
〔28〕　同上，页 84。
〔29〕　同上。

独个体高于普遍性"？如何证明之？穆尼对此问题的回答涉及他对目的论悬置的第二种诠释。在该解读所提供的视角下，所谓对伦理的悬置实际上不能从表面上理解。一些人为仅仅作为普遍性的伦理图景所着迷，这也有一定合理性。目的论的悬置引导我们将注意力转移到那"冲突转化的时刻"，即一个特殊的伦理图景被另一个更深邃的图景所代替的时刻。那被悬置或"置于一旁"的，并非根本意义上的伦理，而是"某种老生常谈的道德规范，该规范将社群、交往与理性的要求绝对化了"〔30〕——其实就是一种黑格尔式的伦理。想要理解"孤独个体高于普遍性"这一论断的意义，必须先要理解那更深邃的伦理图景。

所谓更深邃的伦理图景，其首要的要求不再是行为或原则，而是行为者或人格。借用当代道德哲学家伯纳德·威廉姆斯（Bernard Williams）、玛莎·娜斯鲍姆（Martha Nussbaum）的理论后，穆尼主张："对'普遍性'，对公众和客观领域毫无保留的效忠，将掏空个体的内核。"〔31〕在威廉姆斯那里，道德生活必须纳入"直觉化"的私人体验，才能成为一种"值得去经历的生活，在这样的生活中，一个人如果不能察觉那无法诉说者，不能把握那无法解释者，他就将是一个残缺的人"〔32〕注意，根据该观点可以得到与黑格尔伦理相反的结论：一个人可以担负起公众视角的伦理所无法支持的义务。娜斯鲍姆则认为，没有这种进入两难境地所必需的冲突，我们的生活将不是一个完整之人的生活。正如穆尼论述的那样，"摆脱道德挣扎和灵魂的磨难，我们就会缺乏

---

〔30〕　同上，页80。

〔31〕　同上。

〔32〕　同上，页84，Mooney转引，原文见威廉姆斯的 *Moral Luck*。

深刻感和高贵感，这些细微的缺失将有损于个体人性的美和力量”。[33]

涉及人格与原则的相关问题是一个宏大的论题，是当代伦理学的核心，此处我们很难将其论述清楚，更别说解决这一问题了。为了改变在亚里士多德主义者（以人格为基础的伦理）和康德主义者（以原则为基础）之间公认但过于简单化的对立，一些近期出版的相关作品试图告诉人们：两者之间差别并非我们以为的那么明显——这些著作将一些思想家（这其中就包括基尔克果）也拉入对该问题的争论之中。由此可以说，穆尼将约翰尼斯的那个主张（孤独个体高于普遍性）视为对以人格为基础的伦理的偏爱。因此，前面所说的将目的论的悬置仅仅看作不同责任之间的纷争（对上帝的责任与伦理责任），似乎没有抓住重点——与该论点相比，穆尼之解读的优点在于，他充分注意到了文本中所体现的、约翰尼斯为亚伯拉罕所惊呆的强烈情感。在穆尼看来，我们可以将该书当成一个例子，它展示了：一个与众不同的、有良知的行为者是如何成为我们希望仿效的对象的。“在一定程度上，我们品评人物的决定权依然得以保留。单独的那个她或他，成为我们敬畏或怜悯、赞扬或谴责的对象。”[34] 他或她单独地，这是指他的或她的人格，而不是他的或她的行为。

这是对人格的重视，而非在相互冲突的责任或原则之间的高下比较。它将我们的关注点从亚伯拉罕（或其他的行为模范）的所为转移到亚伯拉罕如何为之上。穆尼对此探讨得非常深入（在

---

〔33〕 同上，页85。

〔34〕 同上。

此我没有机会将之展现给读者了），他甚至主张，基尔克果所加诸信仰的一系列价值，必须与亚伯拉罕拒绝上帝之命这一可能性相容。

"以撒的失而复得"：接纳能力

亚伯拉罕对重新得到以撒的信仰，要求我们关注信仰的"接纳能力"。但正如汉内曾指出的一样，亚伯拉罕重得以撒是在一种新的价值层面上。对于穆尼而言，此处的关键在于：究竟是借助于什么，才使得我们所赋予价值的事物有了价值？在那件事之后，亚伯拉罕不再是自己儿子的"所有人"——他曾希望借着那个儿子成为万国之父——由此他才意识到，"世间之物的价值并不取决于自己的算计，而是——用汉内的用语来说——'取决于他们自己，还有上帝'"。[35] 亚伯拉罕所经受的考验让他有可能重新接受事物——那事物将拥有"一个新的基础，它们的身份将得到新的阐明"。以撒是他的唯一，是来自上帝的恩赐。亚伯拉罕的新认识可以部分地概括为："这世上，没有任何事物会因为别人所赋予的价值而具有价值"——或者，按照穆尼的解释，"任何拥有真正价值的事物，其价值都不因我们对之的态度而改变"。[36] 他们都认识到，事物的价值并非建立在主体对之赋予的价值或主体的意愿这一事实之上——该认识类似于基尔克果所谓的"极致于自我"，这是其"宗教"观中的重要内容。

但是，穆尼此后却有些误入歧途。得出以上结论后，他又补充说——下面是一个似是而非的推论——我的价值同样也不依赖

---

〔35〕 同上，页93。
〔36〕 同上，页92。

于（黑格尔意义上的）"普遍性"。如若价值并不取决于主体意愿，那么为何它就必须取决于社会规则和社群意愿呢？这推论当然与约翰尼斯对普遍性的怀疑相一致。但是，一旦穆尼重新将注意力回到对"孤独个体高于普遍性"的理解上，他就会发现自己忘记了之前所利用过的汉内的观点。穆尼将基尔克果"成为主观性"这一范畴解读为"为了特殊性而部分地弃绝普遍性"，并且进一步解释道：

> 一个人的主观性和不可量化的价值有着特殊的结构，我们可以称之为：为自我评价提供标准的德性的复合体。公开放弃作为价值的支配性准则的普遍性，就意味着去关注个体，关注那一般的或特别的、包括你或我在内的特殊个体，让他们成为"可辩护的"。由此，我们在更宽广的图景之下获得了至高无上而不可剥夺的身份。这一身份或曰财富是由三个私人的德性组成，它们是自由、正直，以及充满信赖的接纳——第三个德性也可称之为信仰。超越普遍性于是就意味着朝向自由、正直和信仰而行。[37]

暂且不论此处对信仰含混的表述（在其他地方穆尼将信仰或宗教放在世俗的术语体系中解读），我们首先发现的是：上帝缺席了。似乎，正当性和价值不再根植于上帝，而是根植于我们自己的德性。穆尼继续以同样的口吻说：

> 信仰"高于"社会、公民和理性的道德……因为，对那

---

〔37〕 同上，页94。

些曾经受了磨难的人来说，他们能够在追忆中感知到：那些
耳熟能详的道德图景，在转换与完成之后，最终体现的却是
暂时性。信仰则为一种新的伦理腾出了空间。习俗的惯例与
准则在此得到了自我构建的内在德性的补充。[38]

以上论述似乎不太让人震惊，因为它也可以作为对孤独个体
为何高于普遍性的有益诠释。但是，它实际上是背弃了我们之前
所探讨的结论，甚至走上了相反的方向。按这种说法，我所具备
的正当性是由于某些德性，这与价值最终来自上帝的观念断然不
同。（除非"德性"是被神秘的力量给予的——这又与通常的观
念不符，因为一般认为德性的发展需要训练、实践和不断的努
力。）而且，对内在德性的聚焦难道不是将穆尼之前的主张——任
何事物都不会因为我对它赋予价值而产生价值——抹杀了吗？德
性的行为人会不会走上歧路？也许对这些问题存在补救的办法。
但至少，穆尼这种论点确实存在着难以掩盖的不合——而他本人
并没有对此作出解释。

考虑到两种论点之间的不合，我提议我们最好回到穆尼之前
提出的"中间性的诠释"上——虽然穆尼本人急于超越该诠释。
对我来说，这诠释更有价值。他认为，《恐惧与战栗》所透露的部
分重要信息是：考虑到两难境地的本质属性，任何声称能够最终
"正确地"解决两难境地的方法都是一种虚妄。约翰尼斯着重强调
了亚伯拉罕的苦闷，因为：不服从他所信仰的上帝是绝对的错误，
而牺牲以撒也是绝对的错误——而亚伯拉罕所面临的两难境地就
在于，他必须选择其中之一。在如此的僵局里，他"悬置"的是

---

〔38〕 同上。

伦理的力量，而这力量恰恰可以引出或提供他所需要的正当性。

　　换句话说，亚伯拉罕面对着一个真正的悲剧两难境地——用奎因（Philip Quinn）的话来说，"一种不同要求之间的冲突，行为人不可能逃脱恶行以及随之而来的罪责"。[39] 的确，约翰尼斯有时似乎并未考虑亚伯拉罕的两难处境。他崇敬亚伯拉罕（同时也让他感到惊骇）的部分原因是亚伯拉罕行动的决心。同时，约翰尼斯更看重的是亚伯拉罕的苦闷。而奎因却完全把注意力放在前者上，并因此认为，在基尔克果那里，亚伯拉罕的处境并非悲剧两难境地。下面是奎因对约翰尼斯之观点的解读：

　　　　那加诸亚伯拉罕的神圣命令，是一个来自伦理王国之外的要求。这宗教的要求无比重要，它让亚伯拉罕悬置了伦理，让他超越了不能杀害以撒的伦理责任。由于亚伯拉罕已超越了这一责任，那么，他甘愿杀死以撒就不再是错误的，就算他真的杀死以撒也不是一种错误。对基尔克果来说，亚伯拉罕的处境并非悲剧两难境地。[40]

　　然而，以上振振有词的说辞似乎曲解了约翰尼斯的原意，它也没有解释清楚：为何约翰尼斯强调亚伯拉罕的苦闷。这强调告诉我们，虽然他将亚伯拉罕与悲剧英雄进行了两相比照，但他也（至少是部分地）认识到了亚伯拉罕的境遇中所同样包含的悲剧因素。我不认为约翰尼斯会同意奎因的下述观点："认定道德要求已

---

　　〔39〕　Quinn, "Agamemnon and Abraham: the tragic dilemma of Kierkegaard's knight of faith," *Journal of Literature and Theology* 4, 2, 1990, 183.

　　〔40〕　同上，页 190。

被超越之后，倘若我们再承认特定道德价值的终极性以及对该价值之履行的绝对性，就将成为一种错误。"[41] 我也不认为约翰尼斯像奎因说的那样，将亚伯拉罕的故事描述为"一种宗教悲剧的恐怖可能性"。

但我们还要继续追究，对亚伯拉罕之苦闷的强调和对他处于作为悲剧两难境地的认识，如何与约翰尼斯对亚伯拉罕的"崇拜"相协调？我觉得，将亚伯拉罕的处境认定为悲剧两难境地，让我们回答那个貌似难以回答的问题：约翰尼斯一方面崇拜亚伯拉罕这个个体，一方面又因之而惊骇，这其中的意义何在？这样的崇拜是何性质？

我建议，我们可依据约翰尼斯的下列主张来理解这个问题："悲剧英雄的崇高，是由于他的行为是伦理生活的一种表达；亚伯拉罕的崇高，则是由于他的行为体现了纯粹的私人德性。"

赫斯特豪斯（Rosalind Hursthouse）新近出版了一本有关德性伦理学的著作，他在书中提出，德性伦理可以提供"一个令人满意的说明，让人明了无忧无虑、悲苦哀愁与真正的悲剧两难境地之间的不同"。[42] 两难境地是真正的悲剧。赫斯特豪斯认为，"即使是最有德性的行为人，在面对它时也不敢说自己能全身而退"。[43] 结合赫斯特豪斯的讨论，我希望展示亚伯拉罕所面临的两难境地至少在这一意义上是悲剧的，从而进一步表明约翰尼斯对亚伯拉罕之苦闷的重视有着非常关键的作用。

在一定意义上，苦闷总是与两难境地扭结在一起。若是亚伯

---

〔41〕 同上，页191。

〔42〕 Hursthouse, *On Virtue Ethics*（《论德性伦理学》）, Oxford University Press, 1999, 18.

〔43〕 同上。

拉罕的行为不伴随苦闷，那他就显得有些非人性了。若是他的行为与苦闷为伴，那么赫斯特豪斯对悲剧两难境地的说明就能告诉我们，约翰尼斯何以既崇拜亚伯拉罕，又因他而震惊。

根据赫斯特豪斯的说明，德性伦理非常适合用来诠释悲剧两难境地，因为这种伦理学将有德性的行为人——而不是有关正确行为的观念——置于首要的地位。一个悲剧两难境地的特质是，无论行为人如何行动都是"错误的、得不到许可的；无论如何选择都注定伤痕累累"。[44] 亚伯拉罕的处境——他必须在献祭以撒和违抗上帝之间选择其一——与赫斯特豪斯所描述的这一范畴正相对应。后者继续讨论道：

> 悲剧两难境地……是这样一种处境：那人们所认为的仁慈、诚实、公正……的行为人被迫做出残忍、欺诈、不公的行动……但若是有人做出残忍或欺诈的行动……她就不可能是仁慈或诚实的……这是一种矛盾。因此，只要面对悲剧两难境地，任何人都不可能真正做到仁慈或诚实……可以得出结论：没有人能真正具备这些品格特质；一个有德性的行为人是不可能出现的。[45]

然而赫斯特豪斯指出，我们不一定非要接受这个恼人的结论。她认为以上推理的错误在于，认定行为人是被迫做出残忍、欺诈、不公的行动的。让我们以残忍为例来一个具体分析，因为这个范畴正对应着亚伯拉罕的情况。那看上去残忍的并不必然是残忍的，

---

〔44〕 同上，页72。
〔45〕 同上，页73。

因为即使是做了同一件事情，有德性的行为人也不可和残忍的行为人等量齐观。对于有德性者而言，他做出这番行为时"并没有带着冷漠或乐意的心绪，而是充满极度的悔愧和痛苦"。所以，如果德性比行为本身更重要，如果我们以德性的概念而非行为来判定善与恶，"我们就不必非要说：那有德性者在面临悲剧两难境地之时做得很糟糕。不，真正糟糕的，是那罪恶本身"。[46] 这是说，在一个冷酷而乐意地做出一项罪行的人和一个被迫为之且内心充满苦痛、悔愧或——用约翰尼斯的说法——"苦闷"的人之间，有着极大的不同。

当然，以上分析并不是要说，拔出刀子的亚伯拉罕毫无问题。赫斯特豪斯随后也对上面的结论做了限定："如果一个有德性的行为人经历了真正的悲剧两难境地的话，她就一定做出了可怕的事，做出了残忍、欺诈、不公的事，或者说做出了邪恶的行为人所能做出的事——置人于死命，或对将死者袖手旁观。"[47] 因此，虽然我们可能将他们（有德性的行为人）与邪恶之人区分开来，但我们却不能说他们的所为就是正当的。"由此而得的推论并非德性的不可能性，而是认识到这样一种可能性：在某些处境下，即使是有德性的行为人也难以让自己全身而退。"[48]

悲剧两难境地是这样的一种境遇，在其中，无论你如何行动，都很难全身而退。亚伯拉罕的故事表明，信仰——这是亚伯拉罕为人仿效的原因——是一种有可能将人们引入这一境遇之中的生活方式。因此，面对处于可怕的悲剧两难境地之中的亚伯拉罕，

---

〔46〕 同上，页74。

〔47〕 同上。

〔48〕 同上。

约翰尼斯所表达的崇敬并不意味着他对亚伯拉罕之所为的赞许，
不意味着亚伯拉罕的所为是正确的。注意，该观点与穆尼的下述
观点似乎有相互呼应的关系（前面已经提到）："某个人所觅得的
小道绝不能从客观上凌驾于其他道路、其他选择之上"——也就
是说，亚伯拉罕的所为没有证明任何行为的正当性。可以说，约
翰尼斯崇拜亚伯拉罕是由于他所申明的信仰之下"纯粹的私人德
性"。总之，约翰尼斯的声言——他崇拜亚伯拉罕同时又因他而惊
骇——非常完美地符合赫斯特豪斯所阐明的上述观点。他崇拜亚
伯拉罕是因为后者所表明的信仰，他惊骇是因为他认识到，亚伯
拉罕被迫所做的事，不可避免地摧毁了他的伦理生活。

　　但此处有必要作出另一个区分。我们很不情愿地发现，上面
所描述的亚伯拉罕，即一个在悔愧、悲痛与苦闷之中骑行前往摩
利亚的亚伯拉罕，竟与"调音篇"中第二个仿写的亚伯拉罕颇为
相似：那个伪亚伯拉罕"忘不了上帝曾命他做的事"，并"再也
看不见任何欢乐"。赫斯特豪斯对那被两难境地所侵袭了的行为人
的描述与此正相呼应。她也曾说"她的余生必将围绕着悲伤"。[49]
于是我们必须弄明白，作为信仰之父的亚伯拉罕与这个"再也看
不见任何欢乐"的伪亚伯拉罕究竟有何差别？

　　一个经历了两难境地便在悲伤中度过余生的人，与第二个仿
写的亚伯拉罕如此相似，因此约翰尼斯一定不会将他认定为信仰
之父。这样的人，在约翰尼斯看来，也不会有什么值得崇拜之处。
那么我们到底需要一个怎样的亚伯拉罕？让我们冒险提出一个新
的假设：亚伯拉罕的让人崇敬之处在于，涉及与苦闷的关系，他
很好地实现了亚里士多德意义上的中庸。该中庸位于苦闷的缺失

---

〔49〕　同上，页75。

（这将让他成为残忍者）与苦闷的过度（这将让他成为第二个仿写的亚伯拉罕）之间。在基尔克果的思想中，是否有着不可否认的亚里士多德式的张力？为了更深刻地理解亚伯拉罕那"纯粹的私人德性"，我们是否应将亚伯拉罕的所为看作是表达了一种真正的苦闷，同时也是一种"重得以撒"的真正欢欣？而这一切，是否意味着亚伯拉罕表达了所谓的中庸？

在此我们没有时间继续探讨这些问题了。但我希望我们已充分地表明，像阿伽门农那样的悲剧英雄与亚伯拉罕之间的隔阂绝没有约翰尼斯所描述的那么深（根据奎因的观点）；同时还希望读者们也已理解，将亚伯拉罕描述为处在两难境地之中的人，丝毫不会有损于他的崇高。

德里达：牺牲伦理

另一个以伦理为旨归来诠释《恐惧与战栗》的人是德里达（Jacques Derrida），他在《死的馈赠》中所提供的解读方式激起了比较大的反响。德里达之解读的引人注目之处在于，与约翰尼斯聚焦于亚伯拉罕所处的两难境地所带来的超凡恐怖相反，德里达声称：事实上，"'以撒的牺牲'展现了……有关责任感的最司空见惯的日常经验"。[50] 他的基本观念是：一旦"义务与责任将我与某个他者连结起来"，我们就很难响应对所有人的义务和责任："我无法在响应某个召唤、请求、责任或爱意的时候，不去牺牲另

---

〔50〕 Derrida, *The Gift of Death*, University of Chicage Press, 1995, 67.

一个他者和另外所有的他者。"[51] 这就是说，对某些特定他者的
责任感要求我们不得不作出抉择：将特定他者的利益放在那本应
平等的、其他利益和要求之上。比如说，我资助了一个第三世界
国家的儿童。然而，第三世界国家其他的千千万万我没有资助的
儿童该怎么办？德里达将"伦理"直接解释为对所有应然事件的
平等对待；他主张："只要我进入了与某个他者的关系之中……就
应当明白，我只能通过牺牲伦理来回应这个他者，也就是说，通
过牺牲以同一方式、在同一时刻责成我作出回应的所有他者。"[52]
这一切是我们所不能改变的——我不可能去资助每一个应受资助
的儿童——在此意义上，摩利亚就是"我们无时无刻不在其中的
栖息地"。每次，当我给一个特定的孩子以资助，我就实实在在地
"牺牲"掉了所有其他应得资助的孩子。我支援了这个孩子而不是
另一个，这选择永无法真正得到辩护。德里达的总结令人印象深
刻："你牺牲了全世界所有的猫咪，却不忘记在每个清晨喂养你的
家猫，而同一时刻无数的猫咪也许正忍饥挨饿濒于死亡——试问
你如何为自己辩护？更不用说你还牺牲了其他的人类了……"[53]

　　该观点很有趣，但作为对《恐惧与战栗》之隐藏信息的解读，
它不能避免一个已经被人提出的反对意见。让我们再次提出那个
问题吧：为什么非要用亚伯拉罕和以撒的故事来说明这个道理？
而且，我们还可以根据德里达的另一个断言——"以撒的献祭"
是"有关责任感的最司空见惯的日常经验"——来提出第二个反
驳。如若采纳该断言，那么德里达就会对约翰尼斯评论亚伯拉罕

---

〔51〕　同上，页68。
〔52〕　同上。
〔53〕　同上，页71。

的下述说法感到诧异。约翰尼斯认为，亚伯拉罕面对的，是"孤独所带来的可怖责任感"。将亚伯拉罕的境遇处理为我们都能在日常生活中体验到的境遇，似乎会消弭约翰尼斯上述观点的力量。如果我们真的要像亚伯拉罕一样必须每日做出如此的牺牲，那就很难解释亚伯拉罕所面对的究竟是怎样的孤独，那孤独竟然让悲剧英雄都自愧弗如。

上面的两节文字中，我们讨论了穆尼和德里达的相关诠释，他们都将《恐惧与战栗》看成是有关伦理的。可是，格林曾激烈地否认了将该书从伦理学角度解读的倾向。（他的一篇论文的题目就是："适可而止吧！《恐惧与战栗》根本不是关于伦理的"。）在转向对《恐惧与战栗》的传统诠释之前——格林的解读也是该传统的一部分，他们都认为该书隐藏着基督教的信息——让我们先来看看格林拒绝伦理式解读的理由。

"它不是关于伦理的！"不同观点

很多论者将《恐惧与战栗》解读为有关伦理的讨论，格林对此的反驳主要是，该解读"会制造一种文本上的紧张状态甚至是语无伦次之感"。[54] 因为对于约翰尼斯来讲，如果存在着对亚伯拉罕的有效辩护的话，这一辩护一定来自伦理之外。亚伯拉罕的行为"彻底地位于伦理所从属的普遍性观念或价值的辖域之外；它无法得以理性地解释和证明——也无法得到'中介'；它同样无

---

〔54〕 Green, "Enough is enough! Fear and Trembling is not about ethics," Journal of Religious Ethics, 1993, 21: 193.

法以语言来说明"。[55] 但以上说法必须得首先假定："伦理就是普
遍性"正是约翰尼斯所诚心实意地赞同的观点，而不是被他放在
显微镜下检测其适当性的一种关于伦理的通用定义。因此，正像
我们之前对穆尼观点的讨论所表明的那样，某些伦理式的解读将
该书诠释为：为另一种可选的伦理观点赢得空间。格林在脚注里
提到了穆尼的解读，并以下述反驳将之摒弃：穆尼的解读"公然
违背了《恐惧与战栗》中重复出现的断言，即亚伯拉罕的行为绝
不栖于伦理之内"。[56] 然而该反驳不能成立。格林不加讨论地认
定，"伦理就是普遍性"是约翰尼斯真正所持的观点。而且，格林
似乎还缩小了伦理这一术语所使用的范围。在另一处批评韦斯特
法尔（Merold Westphal）的脚注中，格林指出，韦斯特法尔的观
点——即《恐惧与战栗》仔细审查了黑格尔式的伦理观念——与
一个事实明显不符，该书的文本中有着"同样显而易见"的康德
主义的特征。据此，格林却得出下述推论："这表明，《恐惧与战
栗》试图超越的，并不仅仅是某一种伦理的理论，而是最为人所
普遍接受的、最广泛意义上的伦理。"[57] 该推论显然不合逻辑。
它看上去似乎认为，仅仅是康德和黑格尔两个人的学说就包含了
所有可能的有关伦理或"道德生活"的观点，着实让人费解。简
而言之，格林并没有成功地证明他对伦理式解读的否定——某些
伦理式的解读，比如说穆尼的，完全没有被他的反对意见所驳倒。

　　当然，以上讨论并不意味着格林所提供的基督教式解读就不
值一提或不尽准确。现在，就让我们回到这对《恐惧与战栗》最

---

〔55〕　同上，页 193 – 194。

〔56〕　同上，页 195n。

〔57〕　同上。

传统的诠释中去吧。

《恐惧与战栗》中隐藏的基督教

我们已经注意到，亚伯拉罕在基督教传统中有着特别的身份：他是正义与信仰的典范。另外，再结合基尔克果本人对基督教的投入程度，我们不难想象，很多评论者为何会将《恐惧与战栗》看作是承载基督教信息的载体了。有些论者宣称，本书实际上是在讨论基督教有关罪过、恩典和宽恕的教义。当然，他们对具体内容的论述千差万别，方式也多种多样。我们下面主要考虑三种这方面的评论。

第一种评论来自马基（Louis Mackey）。马基宣称，该书所承载的信息中最关键的部分是："约翰尼斯念叨的有关亚伯拉罕的一切都可以理解为是对基督教徒的间接评论……亚伯拉罕是'信仰之父'，因为他是信仰的模范或典型，且预示了《新约》中的信仰。"[58] 马基提醒我们注意那存在已久的基督教传统，那传统认为，圣经经文可以从三个层面解读：字面上的、寓言式的和神秘主义的（鉴于《旧约》中的主题预示了《新约》）。下一章我们将讨论约翰尼斯对圣经字面意思的过分强调（回想他在书中对《路加福音》中"如果你不恨……"那一段的分析）。虽然马基本人并未注意到这一点，但根据他解读的路径，我们可以说约翰尼斯没有实践他所鼓吹的理论，因为他所聚焦的是那被马基误称为

---

〔58〕 Mackey, "The view from Pisgah: s reading of Fear and Trembling," in Thompson (ed.), 1972: 421 –422.

"道德"维度的。他提出了一个带有暗示性的假设："亚伯拉罕的
信仰是一个范例，后来的基督徒必须模仿他的信仰……亚伯拉罕
是信仰的典范。"[59] 马基接着又声称：

> 亚伯拉罕……和所有的典范一样作出了表率。他展示了
> 困境中的人，他因罪愆而永久地悬置了伦理，又经由荒谬而
> 得到了神恩的宽恕与允诺。在信仰骑士——即基督教的虔信
> 者们——那里，只要他们试图过一种超出愧疚与罪责之极限
> 的新生活，亚伯拉罕的悖谬就会一再重复。[60]

这段话蕴含着怎样的结论？其原因又何在？

为了得出答案，我将先回到前面提及的两位论者，格林和马
霍（Stephen Mulhall）的观点上去。两人都以不同的方式认为，约
翰尼斯对亚伯拉罕故事的处理方式有神秘化的倾向。但在讨论他
们解读的细节之前，我们有必要先提及基尔克果的一个中心关注
点。

基尔克果关于"基督教世界"所提出的基本质问之一——这
是他对那围绕在自己身边的、混乱的基督教会的看法——就是谴
责它们对诸如罪、神启、拯救等固有观念的遗忘。在《哲学片断》
一书中，约翰尼斯·克里马科斯的目标是澄清基督教神启观念的
"理法"，以及在广阔的范围内彰显罪、拯救与神启的特质，将之
与克里马科斯标注为"苏格拉底式"的那些观念区分开。它们之
间最基本的区分如下：以苏格拉底式的视角看，我们所需要的真

---

〔59〕 同上，页 423。
〔60〕 同上，页 426。

理是固有的、"内在"于我们自身的，无论怎样的拯救都可以触及，只要我们自己去寻求。而以基督教的视角看，我们所处的罪恶状态将我们与上帝从根本上绝然分隔。于是我们可以将罪理解成对上帝的不顺从和与上帝的疏远状态。由于这过于彻底的本质上的分隔，假如拯救仍是可能的，上帝就必须介入人类的历史进程之中。基督徒们宣称，这就是实际上所发生的：天父肉身化为耶稣基督，承受了死刑以赎回世界的罪，然后便是复活的奇迹。

基尔克果的著作中有一个延续着的主题：在"基督教世界"中，那些被人们称之为基督教的（那些教徒自己也这么以为）实际上更接近于苏格拉底主义的一种形式。对于基督教的基本要求，基督教世界里早已充斥着遗忘和混淆。而且，基尔克果对路德式新教的继承意味着，他对个体如何在罪中获得拯救这一问题的回答从根本上是要诉诸神恩的。我们已经发现，在基督教之内，很早就有人将亚伯拉罕故事与福音书对照并以此视角进行解读。该解读方法首先注意到的事实是，在亚伯拉罕故事中，亚伯拉罕献祭的是自己的儿子以撒，这有何意义？它预示了基督教的赎罪观：天父牺牲神子基督以便救赎整个人类。据此，在这一基督教式的解读中，《恐惧与战栗》的核心旨意如下：上帝超越了日常的伦理标准——那本来是用以评判我们这些罪人的——并通过"对伦理的目的论悬置"和对儿子的牺牲（更精确地说是牺牲了化身为神子的自己）来救赎人类。从俗常的公正观念来看，倘若人类处于罪的状态之中，那么我们就不值得拯救。但正如亚伯拉罕目的论地悬置了伦理，上帝也与此类似地目的论地悬置了自己的公正（可理解为：悬置了伦理）以便导出某种更高的终极目的：他对人类的爱。基督教更是简单明了地宣称，这一切都已真实地发生了。

如此的解读，使得约翰尼斯成为一个并不理解自己所传之信的信使。注意，在该解释下，那最容易羞辱读者感触的所谓对伦理的目的论悬置——也就是亚伯拉罕甘愿献祭以撒——就不再是真正意义上的悬置伦理了。在此，重要的是，那可敬可爱的上帝甘愿"悬置"了公正的含义——根据该含义，罪人们本应得到惩罚。基督教的信息在此体现在：一个仁爱的上帝可以超越公正的一般定义。[61]

另外，该评论认为，书中对信徒与伦理要求之间的关系有重要的暗示。神恩微妙而不可忽视地改变了信徒与伦理要求的关系。是否符合那些要求不再是一个人自我接纳的最终标准。栖居于神恩之中，如惠特克（John Whittaker）所言，意味着"否弃作为自尊之标准的道德规范"。[62] 当然，这不是说道德或伦理不再重要——不是在倡导不义或超道德主义——而是说，一个人的自我接纳的最终评判标准是：他是否为上帝所接纳——而不再仅仅看他是否遵守道德律法。与该观点类似的是，一位论者最近在讨论《恐惧与战栗》时有理有据地声称："在上帝每次宽恕我们之时，或许都是对伦理的目的论悬置。神恩就是一种在伦理之外审视我们的方式。"[63] 埃文斯将之描述为"道德的一把新钥匙"，进一步说就是：一个人的行为不再仅仅由"自发的实现梦想的努力驱动，而是成为自我表达感恩之心的方式，因为自我的存在本身就

---

〔61〕 格林称，这将改变对《恐惧与战栗》的自传式解读。如若该书的信息真的是传统基督教中的恩典和宽恕，那么，与其说它是写给蕾吉娜的密信，毋宁说它是写给那些所有为罪的问题所折磨的灵魂，包括基尔克果的父亲。

〔62〕 Whittaker, "Kant and Kierkegaard on eternal life," in Phillips and Tessin（eds）, 2000: 201.

〔63〕 Philips, "Voices in Discussion," in Phiips and Tessin（eds）2000: 126.

是一种馈赠".[64]

对此，一个较为明显的反对意见也许是，如果我们采纳该解读，那么约翰尼斯在文本中所反复强调的亚伯拉罕的"苦闷"就变得不合时宜了。但这一反对稍显草率。如若亚伯拉罕象征着《新约》中的天父，同时亚伯拉罕的苦闷是故事的核心，将之结合在一起就揭示了对《恐惧与战栗》的基督教诠释的第二点特质。亚伯拉罕（将之当作天父）的苦闷能让我们关注基督教的如下声言：天父与其造物一起承受着苦难——该观点被很多人用来解答有关罪恶的问题。并且，我们也可以据此看出约翰尼斯下述观点的隐含之义："在亚伯拉罕的生活中，并没有比'父当爱子'更高的伦理表达。"

究竟有没有理由支持这一基督教式的解读呢？的确，基尔克果本人对基督教的投入和从神秘主义的角度解读亚伯拉罕故事的深厚传统，都可以当作一种证言。然而，在《恐惧与战栗》的文本之中，有没有引导我们将神恩与宽恕作为其秘密信息的证据呢？

那么，先考虑一下该书的标题吧。我们可以很自然地将"恐惧与战栗"解释为亚伯拉罕在献祭以撒之前的状态。但在《新约》之中，该短语出现在保罗写给腓立比人的信中：

> 这样看来，我亲爱的弟兄，你们既是常顺服的，不但我在你们那里，就是我如今不在你们那里，更是顺服的，就当恐惧战兢，作成你们得救的功夫。因为你们立志行事，都是

---

[64] Evans, "Faith as the telos of morality: a reading of Fear and Trembling," in Perkins (ed.), 1993: 26.

神在你们心里运行，为要成就他的美意。[65]

格林也注意到了这段经文，但我们要比他观察得更细致一些。"作成"一个人得救的功夫，在新教传统中并不意味着"为它而工作"（因为这将倡导一种以"劳作"而非"恩典"为中心的教义），而是意味着对基督徒既已拥有的神恩之下的救赎的证明或表达。对于基督徒来说，挑战在于，要过一种符合"新身份"的生活。而且，造成转变的并非那些基督徒，而是上帝通过他或她而成事。意愿上帝之所愿，或完成上帝之所愿，就是一种"恐惧与战栗"的过程，因为凡是走上这条小径的人就不可避免地面临着牺牲。不过，中肯地讲，这就是"恐惧与战栗"这一短语与基督教对救赎的许诺之间最直接的关联。

我们在第五章已经提到过，格林注意到了在"疑难三"有关阿格妮特与雄人鱼的讨论中，约翰尼斯直接涉及了有关罪的问题。格林据此声称：

> 亚伯拉罕（他的沉默是"神性的"）和雄人鱼（他的沉默是"魔性的"）是一对，他们是对同一问题的积极和消极的表达。他们都悬置了伦理，一个经由顺从，一个经由罪；他们都只能凭借与上帝的直接的、凌驾于伦理之上的关系中得到拯救。[66]

根据格林的说法，《恐惧与战栗》中那段有关罪的论述绝非约

---

[65] 参见《新约·腓立比书》（2：12－13）。

[66] 格林，前揭，页202。

翰尼斯的兴之所至，而是一扇窥探《恐惧与战栗》之至深关切的窗户。让我们看看，在那一段文字中，约翰尼斯到底说了什么。

事实上，那段关于罪的文字值得全文引述。约翰尼斯考虑了雄人鱼敞开自身而得以拯救的可能性：与阿格妮特结婚。

> 但他仍需求助于那悖谬。因为自己的罪过，他作为个体被逐出普遍性。想要作为一个特殊性重返的唯一路途，就是借助于某种力量进入与绝对的绝对关系之中。此处，请允许我再插入一段评论，它将比之前的所有讨论都走得更远。*罪愆并非最初的直接性，毋宁说它是滞后的直接性。在罪愆中，个体依凭魔性悖谬而高于普遍性，因为在后者的辖域里，想要强加普遍性于那些缺乏 conditio sine qua non［必要条件］的人是一种矛盾。倘若哲学——暂且抛开它其余的那些自以为是之见——竟幻想有人真的会去实践其格言的话，最古怪的喜剧就会因此而开演。忽略罪愆的伦理会沦落为毫无意义的死规矩，然而，一旦伦理纳入了罪愆，它就 eo ipso［从此］跳出了自身的辖域。

> *［约翰尼斯原注］到目前为止，我谨慎地避免了所有对罪的意识和它的现实影响的讨论。我将一切都聚焦于亚伯拉罕，这个人物仍可能以直接性的范畴来处理，至少我本人可以借此对他增加一些理解。然而，一旦罪愆意识出现，伦理就会在悔愧这一问题前徒然悲叹。悔愧是伦理表达的最高形式，因此，它也是伦理最深刻的自相矛盾。

此处所涉及的内容到底是关于什么的？格林的处理方式是，用这段文字来论证，康德对基尔克果的影响要远远超出人们的估计。当然我们并不关注这个问题，但格林的讨论确实给我们提供了一些有用的信息。首先，格林认为，约翰尼斯将罪当作滞后的而非最初的直接性，实际上是在批评黑格尔将罪与特殊性联系到一起的倾向。在黑格尔看来，"罪是'最初的直接性'，因为它通过个体性（'孤立的主观性'）来显现自身，而且只能经由迎合伦理要求来补救"[67]。而在基尔克果看来，罪是"滞后的直接性"，因为"罪跟随着道德律法，并假定了对道德律法的完全理解和完全投入"[68]。其次，为何倘若有人真的去实践哲学的这些格言会引发"最古怪的喜剧"？格林对此的回答是：这实践导致的结果是对罪的意识。换句话说，"对道德原则的严格理解所引发的唯一后果，是对个体完全依原则而行的巨大困难甚至是不可能性的认识"[69]。这也能帮助我们理解格林所说的这段文字的第三重意义：为何忽略罪的伦理是无用的死规矩？为何一旦认识到了罪，伦理就必将超越自身？这一两头堵的论断可以从如下几点入手来破解之。第一，忽略罪是"毫无意义的"，因为履行伦理原则包含着巨大的困难——甚至是不可能性。如果总是遵从伦理要求而行是不可能的，那么我们就一定会迷失。也就是说，罪的问题无法克服，只要"道德律法仍是我们的精神命运的最终和最高的仲裁者"[70]。第二，假设存有"一个更根本的可能性，它来自比我们更权威的道德审判者，它允许宽恕和对我们应得惩罚的悬置"[71]。也就是说，假设有一种"超越了自身"的伦理。这就是基督教所带来的

---

〔67〕 同上，页 193。

〔68〕 同上。

〔69〕 同上，页 194。

〔70〕 同上，页 195。

〔71〕 同上，页 196。

信息：一个充满爱的上帝，他能悬置公正的惯常意义，能在神恩之下宽恕任何罪。

格林指出，克里马科斯在他的"对丹麦文学当代成就的扫视"（《附言》中的一篇文章，涉及对基尔克果作品的评价）中对《恐惧与战栗》作出了评论，它一定程度上可以支持基督教式的解读。这段评论对我们的研究颇有启迪作用：

> 对伦理的目的论悬置必须有一个更明确的宗教表达。在每一刻，伦理都是在场的，带着自己无限性的要求。但个体没有能力履行那要求。个体的无力感不能解释为：努力实现理想的过程中的不完美阶段——因为如此一来，悬置就不再是必要的。正如对于一个兢兢业业履行自己的日常职责的人来说，悬置也没有必要一样。对个体来说，悬置包含着进入到一种与伦理要求完全相反的状态之中。（CUP 266 – 277）

这段话与我们前面的讨论显然有许多契合之处。那"与伦理要求完全相反的状态"就是罪，克里马科斯认为罪是"前往宗教性存在的关键启程点"。而且，罪并非另一种秩序中的一个元素，而是开启宗教境界的出发点。这让我们想到前面提及的理论：纳入了罪（和宽恕）的伦理本质上是与俗常伦理的彻底决裂，是"超越了自身"的伦理。

这种神秘主义的解读有一个好处，它避免了我们前面在讨论雄人鱼故事时提出的一个疑问，即亚伯拉罕——这人类始祖堕落之后出生的人——如何是无罪的。神秘主义的解读会消解该疑问。因为，亚伯拉罕代表上帝或天父，他准备牺牲自己（神子）以便救赎世间的罪（伦理的悬置体现在，这里神恩的降临并非人们应得的）。因此，对亚伯拉罕的正直与无罪的强调，并非在描述那个圣经上的犹太人先祖，而是描述亚伯拉罕从神秘或寓言的意义上所代表的完美上帝。

格林总结道：

> 《恐惧与战栗》是基尔克果整个著述事业的介绍或入门。从包含不同层面的整体着眼，后来出版的那些假名作品和大量宗教演说中有关基督教信仰和伦理的主题，都蕴含在《恐惧与战栗》一书中。该书配得上基尔克果对它的期许……它是一篇深奥的神学论文，根植于基尔克果所从属的保罗与路德所代表的传统。[72]

可是，也有人质疑了这种基督教神秘主义的解读模式。比如奥特卡（Gene Outka）就回应格林说，后者过度诠释了"疑难三"中有关罪与悔愧的段落。奥特卡批评格林没有真正解决下述问题：为何罪的主题直到疑难三才明确地出现？为何将约翰尼斯一段并非评价亚伯拉罕的话看得如此重要？乍一看，以上反驳挺有道理。假如那段简短的文字是文本中唯一能支持基督教式解读的依据，那它的确不够有说服力。可是，我们马上就能通过马霍最近的一本论著发现，文本中有着很多的细节和（在我看来）迷惑人的桥段能支持基督教式的解读。

马霍也支持神秘主义的解读，但他对格林的观点进行了修正，还对更多的文本提供了更精致的诠释。让我们先考虑一下马霍对亚伯拉罕的言语的观察。他认为，当亚伯拉罕说，"我儿，神必自

---

〔72〕　同上，页 278。

己预备作燔祭的羊羔"时，其语言具有"预言性的维度……虽然亚伯拉罕本人本不自知"。[73] 上帝实际上是以公羊而非羔羊替代以撒，这减损了亚伯拉罕的预言字面上的准确度，但是不妨碍他先兆性的真实性，因为上帝最终还献出了耶稣基督——那"上帝的公羊"。联系在一起看，"以撒对父亲意志不加质疑的屈从（他甚至搬运木头搭建献祭自己的祭坛）预示了基督对天父的顺从。从这个意义上来说，以撒接受一切的被动性正是代表了亚伯拉罕那积极实践的信仰之观念——这里存在一个转换：从将上帝理解为要求我们作出牺牲，转换为将上帝理解为他自己作出了牺牲"。[74]

下面我们必须解决的问题是：这种神秘主义的解读如何确定"对伦理的目的论式的悬置"的意义？马霍对此的解答颇为有趣：

> 若这种寓言式或神秘主义的解读——将亚伯拉罕的考验理解为对基督入世赎罪的预兆——没有问题，那么我们就必须拒绝如下的观念：认为上帝会允许人们通过谋杀来表达崇拜；这考验所象征的是一种更为成熟的信仰观，它指向的是这样的观点：上帝不会渴望着他人的鲜血，而是宁愿让自己流血——这不仅仅超越了最原始的人类有关献祭的观念（通过用公羊代替以撒），也超越了献祭自己最好之物的观念，并开始向自我牺牲转变（通过模仿那本质上的自我牺牲的特性，一个人在行为上和态度上就是肉身化的上帝）。[75]

---

〔73〕 Mulhall, *Inheritance and Originaity*：*Wittgenstein*, *Heidegger*, *Kierkegaard*, Oxford University, 2001, 页 379。

〔74〕 同上，页 379－380。

〔75〕 同上，页 383。

于是，信仰要求的就不再是对伦理的违逆，而是对它的某种转换。马霍试图从文本中找到支撑该观点的证据。他注意到了约翰尼斯对亚伯拉罕热爱以撒的强调。约翰尼斯声称，如果在执行献祭行为的时候，亚伯拉罕在内心憎恨着以撒，那么，"上帝一定不会要求他献祭以撒——他自己必定也明白这一点。亚伯拉罕与该隐大有不同。他以全部灵魂爱着以撒。当上帝向他索要以撒的时候，他对以撒的爱必须有增无减——只有如此，才能说他牺牲了以撒"。也就是说，只有在亚伯拉罕认为献祭是他最大的损失之时，他才能真诚地献出以撒或曰放弃以撒。马霍对上面这句文本的解读如下："假如一个人对儿子的爱是完美无瑕的，那么他心中那煽动他杀害儿子的声音只能来自上帝。"[76] 若是对以撒的依恋含有其他的私心杂念，那就"揭露了他心中那个声音的恶魔本性"，而我们也只能说他是该隐而非亚伯拉罕。（我们常常随意将对某人的爱形容为"以整个的灵魂"，为的是强调其爱情的"完美"。马霍澄清说，他所谓"伦理上完美的存在"是那些"一丝不差地履行伦理要求、整个灵魂都为伦理所浸染和占据的人"，[77]这表明他将伦理赋予了同样的完美性。）

以上的论述都表明，如若以撒代表着伦理的要求，那么"只有伦理上完美的存在才有权判定，那悬置伦理要求的冲动是否是神圣命令的显像"。[78] 如何进一步运用该评断标准？这一问题引出了马霍对阿格妮特与雄人鱼故事以及那段关于罪的段落的阐释。

---

[76] 同上，页384。

[77] 同上。

[78] 同上，页384–385。

结合我们前面进行的相关探讨，他的结论并不令人吃惊。马霍指出，只要我们考虑到罪的问题，那"伦理完美性的观念就会彻底崩塌"。对罪行的悔愧无法"彻底根除我们身上的污点，因为即使是过去所犯下的最细微的错误，也能够揭示我们与绝对之善的相异性，以及我们不能通过自身力量拯救自我的无能"。[79] 为了让救赎成为可能，神恩是不可缺少的因素。而那能以一己之力悬置伦理的"伦理上的完美存在"，只能是上帝本身。

因此，正如格林所言，从此种解读的视角看，对伦理的目的论悬置所包含的真正的"秘密信息"，就是为包含神恩的伦理提供了空间：

> 承认自我的罪孽深重，就意味着承认我们无能履行伦理王国的要求；承认基督，意味着承认这些要求我们仍要去满足，于是必须依靠一种比我们远为崇高的力量。[80]

马霍对《恐惧与战栗》的基督教式解读有一个很重要的特点，这特点也值得我们关注。在我们看来，那种许可"神圣的伦理命令"的解读方法（格林的解读）是值得怀疑的；我们曾指出，如果问题的关键在于，上帝的话应取得优于伦理的地位，那么就没有办法解释：为何不能让亚伯拉罕将献祭以撒的行为进行到底？换句话说，该解读让上帝召来公羊代替并中止献祭的行为变得神秘异常。而马霍的解读在该问题的处理上会优于格林。我们前面也提到过，马霍的基督教解读的核心旨意在于，从一种牺牲的图

---

〔79〕 同上，页386。
〔80〕 同上。

景转换到另一种上面。那被否弃的观点是：一个人应该将自己的
所有物献祭给上帝——而且特别是，这个所有物可以是其他人的
生命。那被赞许、被树立的观点是：上帝所要求的献祭是对自我
的献祭——是"极致于自我"的观念。上帝中止了对以撒的献祭
这一流血事件，并和亚伯拉罕结盟，实现了后者"重得以撒"之
愿，不过是在一个新的价值层面上重得以撒——不再是作为亚伯
拉罕的所有物，而是作为一种不可占有的"馈赠"——请读者记
住该解读的这一点特征。

结　论

我们应当支持哪一种诠释？我不愿否认，《恐惧与战栗》中确
实包含着写给蕾吉娜的密信。但是正如我们已讲过的，仅仅将之
于一百多年前一对悲伤恋人的故事联系在一起，显然难以穷尽文
本的意义，也难以解释该书所带来的持久的影响力。至于哪一种
解读最有价值，我的观点是，基督教式的解读道出了更多的信息，
尤其是马霍所提供的诠释。基尔克果一定知晓解读亚伯拉罕故事
的神秘主义传统，而且，很有可能，这正是他隐藏在文本中的最
重要信息。可是，但凡伟大的哲学文本都有这么一个特征：它们
都能够从不同的层面作不同的解读。无论我前面对它做过怎样的
批评，此处我还是要说，穆尼的大部分诠释都是值得考虑值得重
视的。那些诠释所指向的议题——造就一个比黑格尔学派更有第
一人称特质、更"主观"的伦理——确实是基尔克果思想的核心
关切。同时，我们也已经阐明，如此的诠释也让该书的内容与当
今伦理学最关心的话题联系了起来。我猜，关于《恐惧与战栗》，

我们还能说的太多太多，比如，该书对当代有关道德上的特殊神宠论的争论有何裨益，等等。我们来不及再去讨论种种遗留问题，只需要说，诠释上的差异性与多样性恰恰证明了文本自身的丰富性。基尔克果在自己的日记里也写道："在我身后，仅仅《恐惧与战栗》一书就可带给我不朽的名。人们会阅读它，将它翻译为各种语言。读者们将为书中那骇人的悲感而揪心。"《恐惧与战栗》也许是基尔克果最为人所熟知、引起最广泛讨论的作品——而基尔克果的这句话就像是神秘的预言。

基尔克果年表

——纪念基尔克果诞辰 200 周年

1756 年 迈克尔·彼得森·基尔克果（索伦·基尔克果的父亲）诞生于日德兰西部的村庄斯雷丁，其身份为半自由的农奴。他的受洗礼日为 12 月 12 日。音乐家莫扎特也于该年诞生（基尔克果发表的第一部作品《或此或彼》中表明了他对莫扎特歌剧《唐乔万尼》的热爱）。

1768 年 迈克尔·基尔克果前往哥本哈根，在他的叔叔那里做学徒，后者是经营各种针织品的商人。同年，索伦丝达特·伦德（索伦的母亲）于 6 月 18 日出生在日德兰半岛东南部。亦是同年，伦敦东印度公司开始寻求将"欧洲的纺织物或其他商品"由尼泊尔售往西藏的商路。

1770 年 8 月 27 日，黑格尔出生，他的哲学体系从反面激发了基尔克果的思索。

1777 年 斯雷丁村的神父正式解除了迈克尔·基尔克果的农奴身份。同年，丹麦的一位著名人物、电磁流效应的发现者汉斯·奥斯特诞生（他也是安徒生的挚友，后者的童话作品《钟》即受他影响而完成）。

1788 年 迈克尔·基尔克果接到了皇家的授权，从此可"经营东印度、中国以及西印度群岛的货品……批发与零售均可"。同年，哥本哈根大学正式完善了学位考试制度，该制度首先在神学院应用。2月22日，叔本华诞生（基尔克果曾在晚年读到过叔本华的著作并引为知己）。英国浪漫主义诗人拜伦亦生于该年。

1794年 迈克尔·基尔克果与R.克丝提娜完婚，后者是迈克尔一个商业伙伴的妹妹。

1796年3月23日，克丝提娜去世，未生一子。迈克尔继承了她的叔父和某位恩主的遗产。

1797年 迈克尔·基尔克果于2月份开始从生意场上隐退。4月26日，他娶了克丝提娜的女仆索伦丝达特·伦德为妻，后者也是他的远房表妹。9月7日，他们的第一个女儿玛伦·克丝提娜出生。同年，作曲家舒伯特和诗人海涅诞生。

1799年10月25日，二女儿N.克丽丝提娜出生。

1801年9月7日，三女儿P.瑟沃丽娜出生。同年，黑格尔开始在耶拿任编外讲师（基尔克果在《恐惧与战栗》中提到的讲师，有时就是特指这种以学生小费为生的无薪讲师）。

1805年 第一个儿子彼得·克里斯蒂安出生。4月2日，丹麦著名作家、童话大师汉斯·克里斯蒂安·安徒生诞生。

1807年3月23日，二儿子索伦·迈克尔出生。同年，英国舰队炮击哥本哈根。

1808年 H. L. 马腾森出生。他是索伦·基尔克果的指导老师同时也是他的一位论敌。

1809年4月30日，三儿子，N.安德里斯出生。同年1月19日，美国作家爱伦·坡出生。

1812年 基尔克果挚友，埃米尔·波森出生。同年，格林兄弟开始出版他们的童话作品（《恐惧与战栗》的假名作者是从《格林童话》中得名）。

1813 年 5 月 5 日，最后一个儿子，即索伦·奥贝·基尔克果，在家中出生。6 月 3 日，他在圣灵教堂接受洗礼。同一年，丹麦国家银行因经济危机宣告破产，此事的根源是英军舰队 1807 年对哥本哈根的炮击以及随后丹麦与拿破仑的结盟。作曲家理查德·瓦格纳和 G. 威尔第均于该年出生。

1819 年 9 月 14 日，基尔克果的哥哥索伦·迈克尔去世，年仅 12 岁。同年，美国小说家、《白鲸》的作者梅尔维尔诞生（有论者曾将《白鲸》中的亚哈船长与亚伯拉罕作过比较，认为两人都充满了宗教隐喻）。

1821 年 基尔克果开始在哥本哈根 Borgerdydskole 学校上学。同年 11 月 11 日（这一天也是基尔克果的忌日），后来受到基尔克果影响的俄国作家陀思妥耶夫斯基诞生。法国诗人波德莱尔和作家福楼拜亦生于该年。同年 5 月 5 日（也是基尔克果的生日），拿破仑·波拿巴逝世，他深刻地影响了基尔克果所生活的丹麦的经济和政治状况。

1822 年 老基尔克果最爱的女儿玛伦·克丝提娜去世，时年 24 岁。同年 7 月 8 日，30 岁的英国诗人雪莱逝世。遗传学家孟德尔也诞生于该年（一个有意思的"联系"：基尔克果后来与蕾吉娜解除婚约的原因之一，就是害怕自己精神上灾难性的遗传因素影响到自己的妻子）。

1823 年 2 月 15 日，蕾吉娜·奥尔森出生，她是基尔克果未来的女友。1 月 1 日，匈牙利诗人裴多菲出生。

1828 年 4 月 20 日，15 岁的基尔克果在哥本哈根的圣母大教堂受坚信礼（也是他后来的葬礼举行地），主持人为牧师（即后来的主教）J. P. 明斯特。同年 3 月 20 日，挪威剧作家易卜生出生（他的某些剧作是基尔克果思想的展现。另外，丹麦文学史家勃兰克斯曾分别写过易卜生和基尔克果的传记，而且他还将基尔克果介绍给了尼采）。

1830 年 基尔克果从 Borgerdydskole 学校毕业（他在希腊语、历史、法文和丹麦文写作等课程上成绩优秀）并于 10 月 30 日进入哥本哈根大学。随后，他的哥哥彼得·克里斯蒂安（在当时的学术圈被人称为"来自北方的好辩魔鬼"）在德国哥廷根大学凭借一篇关于说谎的论文获得博士学位。（老基尔克果培养了两个博士：彼得和索伦。某种意义上，在索伦后来的大量假名作品中，不是也充斥着"谎言"吗？）同年在法国发生的七月革命（彼得当时正好在巴黎）推翻了波旁王朝的统治，也解除了国家对出版业和大学的限制——这也影响到了丹麦。基尔克果后来也曾加入关于出版自由的论战之中，而他的著作的出版本身受益于此。

1831 年 4 月 25 日，基尔克果参加了大学神学专业第一学年的第一次考试（拉丁语、希腊语、希伯来语和历史取得"优秀"，初等数学取得"优 +"），10 月 27 日又参加了第二次考试（所参加的所有科目均取得"优 +"：理论与实践哲学，物理学，高等数学。从大一的成绩单来看他的理科略强于文科）。同年 11 月 14 日，黑格尔逝世（他的哲学在当时的丹麦已拥有大量拥趸）。

1832 年 基尔克果 33 岁的姐姐 N. 克丽丝提娜（她嫁给了一个服装商）在产下一子后去世。他的哥哥 N. 安德里斯远赴美国经商（《恐惧与战栗》就是以一个商业上的比喻作为开篇和结尾的）。同年 3 月 22 日，歌德逝世（《恐惧与战栗》中曾对他的《浮士德》进行过探讨）。

1833 年 9 月 21 日，N. 安德里在美国新泽西州的帕特森市去世，时年 24 岁。同年 5 月 7 日，德国作曲家勃拉姆斯诞生。

1834 年 7 月 31 日，基尔克果的母亲，索伦丝达特·伦德去世。12月4日，基尔克果第一次发表文章，这篇名为"为女性的出众才能再来一次辩护"的短文发表在《飞邮报》（*Flyveposten*）上，署名为"A"，其实是对一篇类似文章发起的论战。同年他开始受教于 H. L. 马腾森（《恐惧与战栗》中多次批判的"更进一步"的思想正是来源于马腾森的思想）。12月29日，他的另一位姐姐 P. 瑟沃丽娜（丈夫是个银行家）同样在产下一子后去世。同年，基督教神学家和哲学家施莱尔马赫逝世，他在前一年还曾访问过哥本哈根。

1835年 基尔克果在丹麦的 Gilleleje（海港，避暑胜地）消磨了一个暑假。正是在这个暑假，他下定决心"去寻找那对我而言真实无误的真理，去寻找我愿意为之生为之死的理念"。巧合的是，同年，卡尔·马克思也在自己的中学毕业论文中立下人生志向（更巧的是，马克思的生日亦为5月5日）："因此，我们应当认真考虑：所选择的职业是不是真正使我们受到鼓舞？我们的内心是不是同意？我们受到的鼓舞是不是一种迷误？我们认为是神的召唤的东西是不是一种自欺？但是，不找出鼓舞的来源本身，我们怎么能认清这些呢？…… 如果我们选择了最能为人类幸福而劳动的职业，那么，重担就不能把我们压倒，因为这是为人类而献身。"

1836年 基尔克果又在《飞邮报》发表了三篇文章（起初署名为"B"，后来改为他的真名），其内容都是有关大学生联盟和出版自由的问题。随后，他唯一健在的哥哥彼得·克里斯蒂安步入婚姻殿堂。同年，伦敦工人协会成立，英国开始宪章运动。

1837年5月9日，基尔克果首次见到15岁的蕾吉娜·奥尔森。7月，从父亲家中搬出。9月，他开始尝试教授拉丁语并搬进自己的新寓所（7 Løvstraede）。同年，安徒生创作《海的女儿》

（《恐惧与战栗》"疑难三"中也曾讲了一个有关人鱼的故事）。同年，俄罗斯诗人普希金去世。

1838 年 3 月 13 日，基尔克果的导师和精神支柱保尔·莫勒去世（他在弥留之际还专门托人叮嘱基尔克果："告诉小基尔克果，他应注意不要制定过大的学习计划。他这样做让我很难过。"）8 月 9 日，他的父亲去世（基尔克果日记中所谓的大地震，因为他之前以为，上帝为了惩罚父亲亵渎神明的罪行，会让其子女都在他生前死去），他继承了价值近 50 万美金的遗产（部分以股票的形式）。随后他便出版了自己的第一本书《摘自一个依然健在者的手记》，内容是对安徒生的小说《只是一个提琴手》（"提琴手"又可指"闲人"）的批评。

1839 – 1840 年 受父亲之死的影响，基尔克果结束了持续四五年的放浪形骸的生活，拾起荒废的学业。其间他曾两次搬家。

1840 年 通过了神学学位的考试（等级为"优秀"，并不是最高等级），随后重游位于日德兰荒野上的祖居。9 月 10 日，27 岁的基尔克果向 18 岁的蕾吉娜求婚并成功（蕾吉娜之前有一位男友，正是后来和她结婚的施莱格尔）。11 月，基尔克果开始接受牧师的职业培训。同年，法国作家左拉、画家莫奈，英国诗人哈代和俄国作曲家柴可夫斯基诞生。

1841 年 1 月 12 日，基尔克果在霍尔曼教堂进行了一次布道。8 月 11 日，他解除了与蕾吉娜的婚约。9 月 29 日，他的神学博士学位论文《论反讽概念》通过了公开答辩。10 月 11 日，与蕾吉娜断绝交往。10 月 25 日，乘船前往柏林并在那里聆听了谢林的讲座（谢林在同年刚刚应普鲁士国王威廉四世的邀请到柏林大学讲授神话哲学和天启哲学，并担任普鲁士政府枢密顾问。在柏林的五个半月时间里，他对谢林的讲座经历了从兴奋到失望的过程）。

1842 年基尔克果在柏林完成了《或此或彼》的大部分内容并于 3 月返回哥本哈根继续写作该书，同时开始创作《论怀疑者》。同年，勃兰兑斯诞生，后成为丹麦享有世界声誉的文学批评家和文论家。

1843 年 2 月 15 日，《或此或彼》出版（后来他曾将一本有自己题词的《或此或彼》赠予安徒生。后者也曾将自己的两卷本作品选赠给基尔克果，并附言说："不论你是否喜欢，我都没有恐惧与战栗地奉上拙著——毕竟多少算个礼物"）。5 月，基尔克果重游柏林。5 月 8 日，《两篇训导性演说》出版。10 月 7 日，《恐惧与战栗》和《重复》同时出版，六天后又出版《三篇训导性演说》。12 月 6 日，《四篇训导性演说》出版。同年，挪威作曲家格里格出生。

1844 年 2 月 24 日，基尔克果在三位一体教堂进行了实验性的布道，以便加入丹麦教会。3 月 5 日和 6 月 8 日《两篇训导性演说》和《三篇训导性演说》分别出版。8 月还出版了《哲学片断》《焦虑的概念》《前言》（本书副标题为"根据时间和场合供某些阶层人士阅读的趣味读物"）。8 月，出版《四篇训导性演说》。10 月，搬回父亲曾居住的地方（2 Nytorv）。同年 10 月 15 日，尼采诞生（尼采的父亲与基尔克果同年出生）。

1845 年 4 月，《三篇想象场景下的训导性演说》和《人生道路诸阶段》相继出版。5 月，第三次前往柏林（这次只待了两周时间），同时结集出版《十八篇训导性演说》。

1846 年 1 月，《海盗船》杂志刊登讽刺基尔克果的文章并附上漫画（基尔克果的假名作者塔西图努斯曾要求《海盗船》尽早责骂他）。2 月，基尔克果在日记中表示自己想结束写作生涯并做个牧师。2 月 27 日，《〈哲学片断〉非科学的最后附言》出版。3

月 30 日出版《文学评论》（评论对象是丹麦剧作家海贝尔的母亲创作的小说《两个时代》）。5 月，第四次前往柏林，同样待了两周时间。10 月，部分是由于基尔克果的反击，《海盗船》主编哥德尔施密特辞职并离开丹麦。

1847 年 3 月 13 日，《另辟蹊径的训导性演说》出版。9 月 29 日，《爱的劳作》出版。随后，出版商告知基尔克果《或此或彼》已售罄。5 月 16 日，他的论敌和曾经的指导老师马腾森被委任为王室教士。11 月 3 日，蕾吉娜嫁给了她以前的老师 F. 施莱格尔。12 月，基尔克果出售了他父亲的故居。这一年他曾两次拜访了自己的哥哥彼得，此时的彼得已经再婚，并在 Pedersborg 的乡村教区担任牧师。同年，马克思和恩格斯开始起草《共产党宣言》并于次年发表；电话的发明人贝尔和灯泡的发明人爱迪生均于本年出生。

1848 年 法国爆发二月革命并波及整个欧陆，这包括丹麦与普鲁士争夺石勒苏益格－荷尔斯泰因地区的战争，基尔克果的男仆也因此而应征入伍。1 月 28 日，他租下一所新公寓并于 4 月搬入。4 月 26 日，《基督教文集》出版。7 月 24 日和 27 日，《危机和一个女演员生活中的危机》的两部分依次出版。11 月，完成《作为作者对我的作品的观点》，但未曾出版。这一年也是他酝酿创作《向死之症》的时期。同年，《共产党宣言》发表。在遥远的中国，洪秀全写成《原道觉世训》。

1849 年 2 月，在日记中透露殉教的想法。《田野百合与空中飞鸟》和《两篇伦理—宗教小论文》分别于 5 月 14 日和 19 日出版。7 月 30 日，《向死之症》以新假名"反克里马科斯"出版。11 月 13 日，《基督受难日圣餐时的三篇演说》出版。同年，肖邦和老施特劳斯逝世。

1850 年 4 月 18 日，基尔克果又搬进一处新公寓。9 月 27 日，《基督教中的实践》出版。12 月 20 日，《一篇训导性的演说》出版。

1851 年 3 月 13 日，明斯特主教出版《关于丹麦教士状况的进一步思考》，书中有对基尔克果的评论。4 月，基尔克果搬出哥本哈根老城。5 月 18 日在避难所教堂做了一次布道。8 月，《基督受难日圣餐时的两篇演说》和《我的著述事业》出版。9 月 10 日《反省》出版。同年，德国政治家俾斯麦出生。

1852 年 4 月，基尔克果搬进一个两居室的平房，而将另一间更大的寓所出租。同年，俄国作家果戈理逝世。

1853 年《自己去判断》完成，但直到他去世 21 年后才得以发表。随后，他在日记中反思自己的生活经历。同年 3 月 30 日，文森特·梵高诞生。

1854 年 1 月 30 日，明斯特主教去世。2 月，基尔克果撰文抨击国立教会，但文章直到 12 月才发表并引发激烈的论战。4 月，马腾森被任命为新主教。同年，爱尔兰作家王尔德和法国诗人兰波出生。

1855 年 1 月到 5 月期间，基尔克果继续发表多篇文章对教会进行抨击。5 月 24 日，出版《既然非说不可，那么现在就说》。6 月 16 日，出版《基督对官方基督教的评价》。9 月 3 日，出版《上帝的不可变更性》。该年 5 月他还创办了自己的刊物《瞬间》，一直出版了 9 期。10 月 2 日，他在家门外晕倒，随后被送往医院。六周后，也就是 11 月 11 日上午 9 点，基尔克果去世，死因或许是因为肺部病菌感染。随后，在其兄长彼得的帮助下（虽然有马腾森主教的反对），葬礼于圣母大教堂举行。葬礼吸引了社会各个阶层的人士参加。后来，据基尔克果的侄子回忆，最后的下葬过程被教会所扰乱。另外，基尔克果在遗嘱中将遗产留给了蕾吉娜。

1859 年 彼得·克里斯蒂安出版了弟弟的遗著《作为作者对我的作品的观点》。同年，达尔文发表《物种起源》，美国哲学家杜威和德国哲学家胡塞尔出生。

1860 年 9 月 21 日，叔本华逝世（基尔克果在 1954 年读到他的著作并对其哲学表示了赞赏）。同年，俄国作家契诃夫出生。

1884 年 马腾森去世。

1886 年，瑞士神学家卡尔·巴特诞生。

1888 年 2 月 24 日，基尔克果的兄长彼得·克里斯蒂安去世，享年 82 岁。彼得生命的最后阶段仍处在思想的动荡之中：13 年前，他辞去了自己在丹麦奥尔堡地区的主教职位，甚至放弃了自己的公民身份并自愿将自己置于法律监管之下。

1904 年 蕾吉娜去世（晚年的蕾吉娜仍对基尔克果怀有感情。实际上，基尔克果在解除婚约后仍会寄给蕾吉娜自己的作品）。她的丈夫施莱格尔曾于 1855 年至 1860 年任丹麦驻西印度群岛的官员，后来又回国成为哥本哈根城的政要（在病榻上，基尔克果曾提到过：蕾吉娜一直想做个"总督夫人"）。施莱格尔已于 1896 年去世。

图书在版编目（CIP）数据

恐惧与战栗：静默者约翰尼斯的辩证抒情诗/(丹)基尔克果著；赵翔译. --3版. --北京：华夏出版社有限公司，2023.9
（西方传统：经典与解释）
ISBN 978-7-5222-0524-3

Ⅰ．①恐… Ⅱ．①基… ②赵… Ⅲ．①伦理学－丹麦－近代
Ⅳ.①B82-095.34

中国国家版本馆 CIP 数据核字(2023)第 112764 号

恐惧与战栗——静默者约翰尼斯的辩证抒情诗

作　　者	[丹]基尔克果	
译　　者	赵　翔	
责任编辑	王霄翎	
责任印制	刘　洋	

出版发行	华夏出版社有限公司
经　　销	新华书店
印　　刷	北京汇林印务有限公司
装　　订	北京汇林印务有限公司
版　　次	2023 年 9 月北京第 3 版
	2023 年 9 月北京第 1 次印刷
开　　本	880×1230　1/32 开
印　　张	8.875
字　　数	215 千字
定　　价	69.00 元

华夏出版社有限公司　　　　　地址：北京市东直门外香河园北里 4 号
邮编：100028　电话：(010) 64663331（转）　网址：www.hxph.com.cn
若发现本版图书有印装质量问题，请与我社营销中心联系调换。